航母王者
美国福特级航母的今生来世

李 杰/著

中国科学技术出版社
·北 京·

图书在版编目（CIP）数据

航母王者：美国福特级航母的今生来世 / 李杰
著 . — 北京 : 中国科学技术出版社 , 2017.3
ISBN 978-7-5046-7424-1

I.①航… II.①李… III.①航空母舰—介绍—美国
IV.① E925.671

中国版本图书馆 CIP 数据核字（2017）第 037307 号

策划编辑	许　慧
责任编辑	余　君
装帧设计	中文天地
封面设计	冯　日
责任校对	刘洪岩
责任印制	张建农

出　　版	中国科学技术出版社
发　　行	科学普及出版社发行部
地　　址	北京市海淀区中关村南大街16号
邮　　编	100081
发行电话	010-62173865
传　　真	010-62179148
网　　址	http://www.cspbooks.com.cn

开　　本	787mm×1092mm　1/16
字　　数	240千
印　　张	13.5
版　　次	2017年3月第1版
印　　次	2017年3月第1次印刷
印　　刷	北京市凯鑫彩色印刷有限公司
书　　号	ISBN 978-7-5046-7424-1 / E・9
定　　价	48.00元

自序

美国第二十六任总统西奥多·罗斯福曾有一句脍炙人口且迄今仍为美国人推崇备至的座右铭："我们说话要和气，但手里要有大棒！""说话要和气"直白好理解，而这里所说"大棒"的潜台词其实就是动用航空母舰。航母问世百年以来，替美国的"霸权伟业"，立下了不可或缺、不可替代的"汗马功劳"。

二战期间，美国以举国之力，超高速建造了百余艘航空母舰（包括轻型航母、护航航母在内）。凭借航母所拥有的强大威力，美国将自己推上世界航母霸主的宝座，而且也以此作为雄踞世界海洋的"国之重器"。美国海军在其后研制与发展航空母舰的进程中，始终秉持一个理念：要把当今所有的现实航母对手或潜在航母对手，至少落下"一代以上"战技术性能的差距。长期以来，美国海军自认为抓住了航母发展与运用的这一圭臬，也确保了美国国家战略利益的最大化、安全环境的长治久安，从而金元财富滚滚流进美国的国库。

美国海军拥有十艘当今世界上技术最先进、吨位最大、威力最强的"尼米兹"级航母，可以说无论是其数量还是其威力，都已远远超过世界其他所有航母拥有国的总和。但即便如此，"山姆大叔"似乎并不满足，早在二十年前，美国就已着手实施最新的航母研制计划，即其史上第三代核动力航母。2009 年，美国海军正式立项"福特"级航空母舰的研发；当时一些美国军事专家和工程项目主管就曾直言不讳地宣称：美国发展最新一代核动力航母，就是要使其在航母领域的任何对手不能望其项背，无法超越追赶。美国海军在"福特"级航母采用了许多高新技术（超过了60%以上的高新技术），使得这个"海上巨无霸"在战技术水平方面出现了整体性、实质性的飞跃和提升，先进性达到了一个前所未有的高度，但也因而导致该级首制舰在不少关键技术领域屡屡出现故障和严重问题，使得进度多次延宕，服役期一拖再拖。

常言道，"知彼知己，百战不殆"。不论是战略对手，还是安全威胁，美国最新型的"福特"级航母，都将是各海军大国必须密切跟踪、深刻了解的。本书从"福特"级航母上马研制伊始，到即将正式服役，进行了全方位剖析。人们常说，航空母舰是一个极其复杂的"巨系统"，是海军武器装备中最为全面的"百科全书"。"福特"级航母的研制与建造牵涉船舶、航空、兵器、电子、航天、动力等几乎所有的美国军工企业，牵涉当今最前沿的信息化、智能化、新概念武器等高新技术。本书全面系统、分门别类地收集、研究、分析、整理"福特"级航母的设计与建造、关键技术与系统、多型舰载机、各种新概念武器，分析了它存在的六大"软肋"，以及可能产生的威胁等，将"福特"级航母客观地呈献在了读者面前。

李　杰

目录

第1章
福特级航母的今生

　　2013年10月11日，位于美国弗吉尼亚州的亨廷顿·英格尔斯工业公司纽波特纽斯造船厂内人头攒动、高官云集。一位名叫苏珊·福特的中年妇女，她就是美国第38任总统杰拉尔德·福特的女儿，只见她颇为吃力地拿起一瓶香槟酒奋力向一艘停泊在造船厂船台上的"大家伙"底部猛烈敲击下去。随着玻璃碎片飞起，酒花四溅，这艘名为"福特"号的核动力航母徐徐地移动"身躯"。此时此刻，苏珊·福特眼含泪花，欣喜地看着"福特"号缓缓滑向水中。"福特"号航母满载排水量超过10万吨，拥有巨型的飞行甲板，甲板上可以搭载约75架各型固定翼飞机和直升机，拥有舰员4500多人，堪称"超级巨无霸"。这一艘于2009年11月开始建造、历

> 苏珊·福特

时近四年的世界上最先进的航空母舰，终于在这一天下水诞生了。它的下水，也意味着美国将进入"新航母时代"。

福特级航母"孕育怀胎"

早在 20 世纪 90 年代，美国海军一些高层人士曾多次提出研发新一代核动力航空母舰的强烈要求。但是，当时美国政府和国防部的许多高官对此观点并不认同；他们认为，绝大多数"尼米兹"级核动力航母"正当壮年"，没必要重新设计一级全新的超级航母。不过，其后"尼米兹"级核动力航母接连不断出现问题；毕竟该级舰前几艘的设计、建造均始于 20 世纪 60、70 年代，包括舰上的动力系统、指控系统、武器系统、通信系统等，不仅有些系统老旧过时，而且可靠性也偏低，特别是不少系统还需

> 美国"福特"号航母概念图

> 美国五角大楼图（海军部也在楼内）

要大量人工进行操作，导致航母的战技术性能逐渐走下坡路，越来越难以适应信息化海空战的需要。

为了确保美国海军的强势地位和世界领先水平，美国海军决定在第十艘"尼米兹"航母之后，正式推出其后继项目——CVNX（Carrier Vessel Nuclear X），即新一代试验型核动力航母。对于这个项目，美国海军要求这级新型航母无论是在飞机设计、飞行甲板、电力供应、航空设施等方面，还是其任务系统等其他方面，都必须能够适应新世纪海上作战的要求，满足未来日益增多的非战争军事行动的需要。

最初，美国海军决定先建造 CVNX-1 和 CVNX-2 两艘新航母。1998 年，美国国防部和海军开始启动 CVN-21"未来航母"计划，并着手全面评估大型核动力航母的设计方案。2002 年 12 月，美国国防部和海军宣布：将这两艘航母 CVNX-1 和 CVNX-2 合并为 CVN-21 航母项目；即将原定大部分在 CVNX-2 上才采用的多项先进技术，提前应用到了 CVN-21

上。按照计划，从 2004 财年开始，CVN-21 航母的预算计划开始落实；2005 财年开始采购部分部件，包括减速齿轮等。2005 财年，美国海军先投入了 9.82 亿美元，其后 CVN-21 航母的费用逐年增加，其总费用估计最终达到 118 亿美元，其中包括 51 亿美元的新航母设计费用，以及 67 亿美元的航母建造费用。

2004 年，美国海军正式同诺斯洛普·格鲁曼公司（该公司组建于 1994 年，2007 年位居世界第 4 大军工生产厂商，也是世界上最大的雷达制造商和最大的海军船只制造商）签约。2007 年，CVN-78 航母被命名为"福特"号（杰拉尔德·R·福特是第 38 届美国总统，1974—1977 年期间任此职务。后来又出任美国第 40 届总统尼克松的副总统）。有趣的是，CVN-78 被命名为"福特"号还有一段小插曲。CVN66 的老兵曾竭力推动将该舰命名为"美国"号，但最终两栖攻击舰 LHA6 被命名为"美国"号。此时，包括先期论证研制费用以及设计建造费用，CVN-78"福特"号，总的项目费用加起来高达 137 亿美元，并签署该航母的建造合同。随后，美国受到金融危机的严重冲击，使得军费开支和航母预算也受到一定程度的影响，但 CVN-78"福特"号航母项目的总费用没有受到太大影响。

根据设计要求，最初的 CVNX 舰体总长度将近 360 米，比现役"尼米兹"航母的舰体总长长 20 多米；飞行甲板总宽度将达到 87 米，也比"尼米兹"级航母总宽度（76.8 米）宽出 10 米。此外，CVNX-1 追求超级隐身效果，即不仅将上层建筑全面、大幅缩小，

> 美国第 38 任总统福特

> 世界上第一艘核动力航母——企业号

　　并后移至右舷后部，为一个倾斜小型化的多面体；还将"尼米兹"级航母原有众多的雷达、通信天线全部内置化，并对一些突出部位进行优化设计；同时涂敷雷达吸波涂料或采用雷达吸波材料。该航母的舰桥也进行了重新设计，对电磁弹射器和拦阻锁、加油与武器挂载站的位置进行调整；减少了飞机升降机的数量，并使用电磁系统，来替代目前武器升降机的缆轴系统。通过减少航母部件数量，广泛地使用自动化控制技术和计算机系统，"福特"级航母实现了全寿命周期成本和人力维护成本的双下降；不仅航母舰员将从"尼米兹"级的3190人，减至"福特"级的2000人左右，而且每艘航母的全寿命周期费用将明显削减50亿美元以上。

　　按照最初的计划，美国海军于2006年开始建造CVNX-1，并于2013年替换已服役53年、世界上第一艘核动力航母"企业"号；其后由于经费和技术等原因，该计划后推了两年。

＞"企业"号航母（CVN 65）作战指挥中心

　　从"福特"级航母的进程来看，该级航母节约成本的整体策略是减少一些部件或系统，但保持和提升原有的功能。例如，"企业"号航母上共有八个反应堆、32 台蒸汽锅炉、16 部发电机、4 座弹射器，有超过 5000 个蒸汽阀；而"尼米兹"级航母的反应堆则减少至 2 个，蒸汽锅炉和发电机减少到各 8 部，蒸汽阀则减少到 1500 个；"福特"级航母同样设计两个反应堆，但蒸汽锅炉和发电机均减少到各 4 部。

　　从 2007 年开始，时任美国国防部部长的拉姆斯菲尔德认定一些国防项目不适应未来战争的需求。而其中，就包括刚进入研制程序不久的"福特"级航母方案。拉姆斯菲尔德还责成美国海军用 18 个月的时间，修改整个"福特"级航母的建造计划。实际上，拉姆斯菲尔德的本意是要求"福特"级航母采用更多的新技术，并重新予以设计，这也是"福特"级航母建造过程中又一个重要里程碑。

　　2008 年，美国海军又对 CVN-21 超级航母计划进行全新一轮的调整。与原来的评估成本相比，美国海军最初确定的第一艘航母的研制成本为 71 亿美元；但从 2006 年开始，为保证新一代航母能够运用更多相对成熟的高新技术，美国海军与制造商进行新一轮的谈判，签订了 9 比 1 的成本追加合同。合同规定：如果发生了额外成本，则由政府承担 90%，合同商承担 10%。"福特"级航母项目成本之所以人幅增加，是由于其在建造过程中，还遇到了众多的工程和试验等相关问题。例如，"福特"级号航母在纽波特纽斯造船厂三号码头进行了为期 28 个月的后续设备安装，致使整个建造工期有所拖延；建造中的其他类似问题，以及海试过程当中不断涌现出的新问题。这些均使得该舰成本不断增加。

美国缘何力推福特级航母

美国拥有当今世界上数量最多（10 艘）、性能最先进的"尼米兹"级航母。该级航母采用优异的核动力装置，将搭载当今世界上最先进的舰载机，以及多种舰载武器。该级航母可以 30 节（1 节 =1.852 千米 / 小时）

> "布什"号"岛"式上层建筑模块吊装

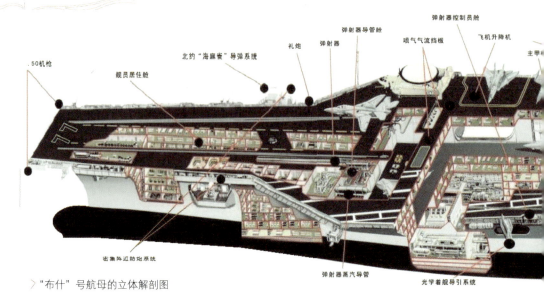

.50机枪　舰员居住舱　北约"海麻雀"导弹系统　礼炮　弹射器　弹射器导管舱　弹射器控制员舱　喷气气流挡板　飞机升降机　主甲

密集阵近防炮系统　弹射器蒸汽导管　光学着舰导引系统

> "布什"号航母的立体解剖图

高速持续在海上连续航行数十万海里，而且它能够担负各种各样的作战任务及大量的非战争军事行动任务。"尼米兹"级航母第一艘"尼米兹"号1975年5月加入现役，而其最后一艘"布什"号则于2009年5月加入美国海军现役，其间共历时34年。即便如此，美国10艘航母依然是当今世界上任何其他国家航母所无可比拟的，且在短期内各方面战技术性能和综合作战能力也是其他国家的航母无法企及的。既然如此，美国海军为何还依然故我地加速发展更新一级的核动力航母呢？美国政府和美国军方缘何要下如此大的本钱呢？其中，的确有着许多不愿示人的深刻考量和战略动机。

第一个原因是美国长期以来养成了"世界老大"的痼癖和毛病，希冀在任何领域都能压过其他任何国家一头或多头。也就是说，美国不仅在政治、外交、经济上要强压众国一头，而且军事上更是要称霸世界，在五大洲、四大洋横行。为达此目的，美国历届总统都非常重视和青睐航母，每当世界各地区、各海域发生战争危机或军事冲突时，美国总统首先问的第一句话总是"我们的航母在哪儿"。紧接着，美国五角大楼立即调兵遣将，率先动用离出事地点或突发事件海域最近的航空母舰，将其派往上述地区或海域。

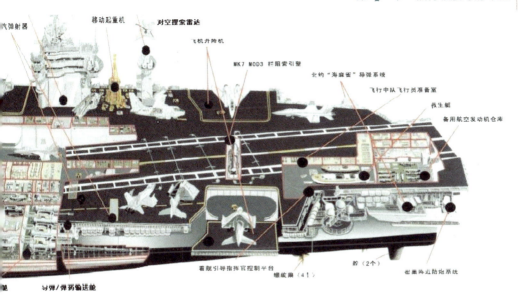

气弹射器　移动起重机　对空搜索雷达　飞机升降机　MK7 MOD3 拦阻索引擎　北约"海麻雀"导弹系统　飞行中队飞行员准备室　救生艇　备用航空发动机仓库

着舰引导指挥官制台　螺旋桨（4 个）　舵（2 个）　密集阵近防炮系统

导弹/弹药输送舱

　　多年来，美国航母确实在应对海上危机或战争行动中扮演了极其重要的角色，发挥了十分突出的作用。应该说，美国海军现役十艘"尼米兹"级航母在应对地区危机或战争行动时，确实运用得相当得心应手，足以胜任。但是，也有很多人大惑不解或存有疑虑：为何这十艘航母当年正值"身强力壮"，而世界上其他任何国家的航母根本无法与之匹敌之时，美国却突然建造一款新型的"福特"级核动力航母？美国运用这艘航母，究竟要达成怎样的目的？"福特"级航空母舰最终将建造几艘？

　　实际上，美国习惯当"世界老大"，是有传统的。近几届总统更是有过之而无不及。2014 年 5 月 28 日，奥巴马面对西点军校 1064 名毕业生，再次谈及美国在国际事务中应承担的"领导"角色。他声称，"美国打算成为未来 100 年内的世界领袖"，并不无傲慢地说，"美国必须一如既往在世界舞台上发挥领导作用，如果我们不领导，没有别人会来领导！你们军队是这种领导作用的中流砥柱，现在如此，一贯如此，今后也将如此。"可以说，这就是历届美国政府的逻辑，绝不当"世界老二"，即无论是在世界范围内的政治、经济、科技、文化、外交，还是军事领域，美国绝对不能处于世界第二的位置，永远要当世界"领头羊"。基于此，美国历来在

> 美国西点军校

> 美国西点军校内的教堂

军事领域秉承这一宗旨，加力发展各类先进的武器装备及各种军事力量。作为当今世界上最大块头、最大威力，集各种高新技术和武器装备为一身的航空母舰，自然更会循此规律。其实，这些年来美国航空母舰的应用，对其来说的确相当给力。海湾战争期间，美国先后动用了8艘次航空母舰，从东面、西面、南面三个方向不同的海域，对伊拉克几乎形成全向的战略包围；与此同时动用航母上大批的舰载机与部署在周边国家的岸基飞机共同联手，再加上盟军的其他多型战机，构成对伊拉克军队的强大的合围态势，仅在短短的42天时间内就把地面或海上的伊拉克军事目标打得落花流水、体无完肤。伊拉克战争中，美国故伎重演，照样动用了多艘航母，在大批量舰载机及其他岸基飞机的配合下，对伊拉克再度形成立体的全向包围，使对方根本没有任何还手之力。

　　进入新世纪以来，美国经济大幅下滑，日呈颓势，包括军事领域在内的费用不断削减，为了弥补在其他领域美国日渐下行的经济状况所带来的不利影响，美国这几任总统加紧打造本国各种先进的军事装备，力图通过一批性能卓越的武器装备，来提振和保持本国军力的强盛。进入新世纪第二个十年以来，美国国防预算进一步削减；面对这种情况，奥巴马总统依然咬紧牙关，批准加速发展"福特"级航母。其核心目的是，希望通过

> 海湾战争中美军一艘航母与补给舰

"福特"级航母发展高新技术武器装备、先进的舰载机、全能的核动力装置，以及各种高新概念武器所带来的作战能力的大幅度提升，使之在未来海上作战或各项行动中，更加所向披靡、无可匹敌。还有一点必须提及的是，冷战结束以来，美国白宫和五角大楼依然抱着冷战的思维，极力要与其他任何国家，包括他的盟友，形成在军事领域和武器装备方面，达成两代甚至两代以上的代差差距，使其他任何国家不可能对美国的军事力量及武器装备形成任何的挑战，从而为其更好地维持其"全球霸权"奠定坚实的军事基础。

> 海湾战争中美国部署一支航母编队

> 美国白宫

　　面对各方面窘境的奥巴马总统有一点认识非常清楚："未来最重要的问题是美国如何领导世界。"按照他的底线，美国必须领导世界；如果美国不行，别国也不行，而军力是这种领导力的支柱。客观地说，尽管这些年，美国的政治、外交、经济等方面的确是焦头烂额、疲于应对，但是美国的军力在当今全球范围内的优势地位仍然存在，成为挑唆和怂恿其盟友及他国的"重要推手"，也是其构建当今全球防务体系中的强力支撑者。由此不难看出，下一步白宫和五角大楼极有可能继续秉承"世界老大"的思路，作为推进其思维和战略的重要支柱。遵循这种策略，美国必然会继续保持强大的科技能力以及军事力量在全球世界老大地位；而作为其中重要一环的航空母舰，尤其是新型超级隐身航母，自然是美国继续发展的首选。

第二个原因是美国拥有当今世界最先进的各类高新技术。长期以来，美国一直占据着世界第一科技强国的龙头地位，在研发和创新实力上他国难以望其项背，甚至差距不断拉大。多年来，美国握有全球各高新科技领域的精英及技术领军人物，每年大约有 50% 以上的诺贝尔奖获得者是美国科学家（美国大学汇集全世界 70% 以上诺贝尔奖获奖者；物理、化学、生物学、医学等奖项获奖者，美国科学家都占一半以上；经济学奖获奖者更高达 70% 以上）。

多年来，美国一直占据科技前沿，并在多学科、多领域的高新技术水平上处于世界最拔尖的高度，而且在创新思维、转化成果的能力方面，也名列世界前茅；大量先进技术的发明创造与储备、众多成果的应用转化均已经达到相当高的水平。在军工企业及武器装备方面，这种绝对领先体现得尤为明显，例如在核动力舰船、新式舰艇、高性能飞机、电子技术、电池装置，以及电磁轨道炮、激光武器、粒子束武器等新概念武器领域，都遥遥领先于世界他国。

正是得益于这些方面的技术成果和因素，美国的"福特"级航母才能成为这些众多高新技术集中体现和运用的一个非常理想、非常合适的载体。在以往美国各级别的航母研发和建造中，虽然美国海军及其军工企业对它们采用了众多的高新技术，但高新技术的比例往往没有超过 35%；这是因为如果采用高新技术比例过大的话，将影响航母的设计建造与运用。然而，对于"福特"级航母来说，美国海军却一反常态，采用 60% 以上的高新技术和先进武器装备。进入新世纪以来，美国的高新技术取得了突飞猛进的发展，而大批高新技术转化为军事使用成果的能力也在迅猛地提升。鉴于这种情况，美国海军和军工企业感到完全具备赋予"福特"级航母以最大量的高新技术的基础和条件，届时这些高新技术既可有充分的用武之地，也必将把其他国家航母的各项技术和武器装备水平远远地甩在后面。

第三个原因是美国目前在役数量最多，也堪称当今世界最先进的"尼米兹"核动力航母（10艘）。尽管其傲视全球其他国家的航母，各项战技术指标远远超过它们，但是对于美国自身技术和航母技术而言，"尼米兹"航母可以说是已"时过境迁"，略显"老态龙钟"，难以胜任未来战争的需求；特别是其自身已没有多少潜力可挖，日显后劲不足。对于这些情况，美国五角大楼和海军部的高官早就"心知肚明"，并已完全认识到如果继续墨守成规，仅在"尼米兹"核动力航母的各项技术和武器装备上小打小闹、修修补补，会有些提高，但提高的余地或提升的能力不大。例如，"尼米兹"核动力航母上的电力已呈现严重不足的状况，由于它先天的"动力"无法提供其足够的电力，更无法满足未来新一代航母上的电磁弹射、新型拦阻和新概念武器强大电力的需求，难以满足日趋复杂海战的作战使用。因此，军方高层及有识之士感到：很有必要再发展一级拥有大量高新技术武器装备，尤其是动力更为强劲的新型核动力航母。

第四个原因是长期以来，美国海军在美国四个军种中始终处于最优先、最强盛的地位，无论是军费的比例还是武器装备的高新技术含量，基本上都领先于其他军种。不过，仅保持现状和目前的能力，美国海军似乎并不满足。它认为只有最突出、最优先地发展海上无可匹敌的先进航母，才有可能使其他军种在将来的发展中无法企及。实际上，这也是美国海军具有危机感的一个具体表现，多年来美国海军非常担心美国空军、美国陆军与其争抢军费，争抢项目，争先发展高新技术武器装备的比例；非常担心在几个军种的"明争暗抢"中自己不能再拔头筹。因此，在海军总体军费有所削减的情况下，美国海军当局知道，如果把所有的军费平摊到各种舰艇、飞机等作战平台和武器上，那么单项的费用就会更加减少；特别是由于物价上涨的因素，使得每个作战平台和武器所得到的费用有所降低，从而使得即便是一款新式作战平台和武器的作战性能也不会太强。由于核动力航空母舰特别是"福特"级核动力航母所产生的威慑效应大，作战用途多，能有效地应对各种危机和冲突，因此，美国海军特别希望能获得更多的军费集中使用来发展、建造一艘全新型的航母。这样，比起以往的航母作战性能，新型航母将呈几何级数增长，从而实现以一艘先进航母替代原先几艘航母的效能；不仅能给海军自己添彩，而且可进一步提升自己在三军的地位。

第五个原因是美国海军充分吸取和借鉴自二战以来，海战中航母所具有的独特强大的威力：例如各型舰载机临空而下的多维作战能力、众多护航舰只的"保驾护航"能力，以及综合使用多型舰机层层防御和拦截的能力，从而使得美国航母愈发受到五角大楼和海军当局的垂青和喜爱。毋庸讳言，以传统航母为核心及作为"龙头老大"的编队作战方式，在历经数十年的海上作战和多种行动中，往往显得有些力不从心，难以适应未来信息化战争的要求。

为此，多年来美国海军始终在努力探索发展一种新型的战舰及其编队来替代老旧的编队。"福特"级航母正是这样一艘，是以全新面貌亮相于海军，展露于海洋，展现于世界的新型大舰。虽然从吨位和外观来看，"福特"级和上一代"尼米兹"级等历代航母相差不多，但是由于美国军方赋予大量的高新技术、性能卓越的舰载机、功率强劲的核动力，以及多种新概念武器，使它得到了整体的、质的飞跃和发展。美国海军通过建造与运用"福特"级这样一款新型大舰，特别是主要运用 2016 年前后问世"福特"级航母上所搭载的最新四代机和具有察打一体能力的无人机，将彻底

〉航母编队，中间为补给舰

改变未来海战的观念和作战样式；再加上舰上所使用的激光武器、电磁轨道炮和粒子束武器，也将使今后航母的防御方式甚至海战样式发生全新的变化。从某种程度上讲，"福特"号航母就是一个最佳的试验场，它为未来作战样式的改变和运用发展提供有意的尝试和借鉴。

　　第六个原因是纽波特纽斯造船及船坞公司是当今美国建造航空母舰唯一的大型私营厂家，也是世界上唯一一个有能力建造核动力航母和核潜艇的造船厂。被称为美国"国宝"的纽波特纽斯造船厂，负责美国海军全部核动力航母的建造、50%以上核动力潜艇的建造和50%的驱逐舰的建造（其余50%为通用动力公司建造）。此前十艘"尼米兹"级核动力航母以及世界上第一艘核动力航母"企业"号，全都由该厂设计建造。

早在第一次世界大战结束后，这家造船厂就为美国海军建造了多艘航空母舰，包括"游骑兵"号、"约克城"号、"企业"号及"大黄蜂"号。第二次世界大战前后，公司建造了9艘"埃塞克斯"级航空母舰，包括"埃塞克斯"号、"约克城"号、"无畏"号、"大黄蜂"号、"富兰克林"号、"提康德罗加"号、"伦道夫"号、"拳师"号及"莱特"号。其后由于美军急需更多军舰，该公司在北卡罗来纳州威尔明顿开设分公司，并建设临时船厂建造其他战舰。战争结束前夕，纽波特纽斯造船厂建造了"中途岛"级航空母舰，包括"中途岛"号及"珊瑚海"号。

大量的统计数据表明，几十年来，美国大型航母的建造周期为三到五年。通过长期的研发和建造航母，纽波特纽斯造船厂平均每年从军方拿到十六七亿美元的费用；再加上其他武器装备以及舰载机等费用，对纽波特纽斯造船厂会产生一些拉动的效应。对于拥有两万多工人的这家私营大型企业来说，美国海军及其他军种提供的大量费用，对维持其工程技术人员基本生活保障，以及工厂的设施保养和发展方面都起着极为重要的作用。但反过来说，纽波特纽斯造船厂如果不能够摆脱对美国海军订单的依赖，在国际军船或者民船市场打开局面，只靠内部来控制成本几乎是不可能完成的任务；而现在的困境是，像纽波特纽斯造船厂这类美国企业在民船领域几乎毫无竞争力，而具备强大作战实力的核航母、核潜艇，又不能对外出售，因此，纽波特纽斯造船厂尽管拥有世界无与伦比的军舰建造技术，却只能"捧着金饭碗要饭"。

必须指出的是，由于"尼米兹"级最后一艘"布什"号核动力航母停工之后相隔了近六年时间，如果不再接续新工程项目，这就意味着这家工厂将面临着经费迟滞，甚至断档。况且从技术的延续发展和人才的保留等角度来说，美国海军及其厂商也感到，航母建造周期的空档时间不能拉得太长，否则有经验的工程专家和熟练的技术工人都将大量流失。一些设备和设施如果拖得时间太长也将造成浪费和延误。

第七个原因是海军现役的"尼米兹"级核动力航母，在很大程度上只能够满足机械化战争和信息化战争的需求，但对于未来的信息化战争和智能化战争的新特点、新要求，将远远不能够适应。美国海军十分清楚：越来越多的国家加速研发和拥有各种中近程弹道导弹，尤其是由卫星和末端先进导引头制导的中近程弹道导弹已越来越难以有效探测和拦截；再加上"尼米兹"级核动力航母的护航舰艇及其相关的武器系统基本上成为摆设，根本无法实施有效的抵御。例如，在智能化战争中，将会出现大量的无人化、微型化、智能化的作战平台和机器人。利用这些立体化、无人化的作战平台进行侦察和随机打击，"尼米兹"级航母常常会显得猝不及防，难以招架。为了适应未来战争的要求，美国国防部和美国海军认为，有必要优先研发和加速建造能全面适应未来信息化战争和智能化战争的新一代作战平台和武器装备，而"福特"级航母便首当其冲。

福特级航母的五大优长

"福特"级航母具备五大优长。

第一，采用了新型大功率一体化核反应堆，整体性能得到质的提升。"福特"号核动力航母装设了比"尼米兹"级航母更先进、更强劲的A1B核动力装置。

众所周知，现役的"尼米兹"级核动力航母装设有A4W核动力装置。虽然该装置能以30节以上的高速推动航母长时间的连续航行，但每隔七八年多至十几年，就必须更换一次核燃料（炉芯），而且该装置占用航母上的空间比较大（尽管航母的整个空间体积比较大），且维护保养及安全防护设施相当复杂、麻烦。也就是说，在其近五十年的寿命期当中，它必须进入工厂更换好几次核燃料。由此一来，不仅要耽误很长的时间（更换核燃料是个大动作，属于中期大修；通常在更换核燃料的同时，还会对整个舰体和设备进行大范围的升级改装，因此一般要跨越两个财政年度或者更长时间），而且耗费大量的财力、物力，严重影响到整个航母的在航率。而"福特"号核动力航母由于采用了 A1B 核动力装置，可以保证五十年不用更换核燃料（理论上），不仅占用舰上的空间明显减少，而且更换核燃料和此后维修保养成本也都大大地降低。更重要的是，新型核动力装置 A1B 的安全性、可靠性等，也都得到明显的改善和加强，从而保证航母在航率得到显著提升。

　　第二，"福特"号核动力航母上配备有各种全新的舰载机，从而使得全舰作战能力得以大幅度的提升。从目前得到信息来看，该航母上所搭载的 75 架各型舰载机中，包括数量较多的第四代战斗机 F-35C "闪电Ⅱ"战斗攻击机，部分 F/

> "尼米兹"级航母上装设的 A4W 核动力装置

> 部分 A1B 核动力装置

A-18E/F "超级大黄蜂"战斗机、E/A-18G "咆哮者"电子攻击机、E-2D "先进鹰眼"预警机、MH-60B 直升机、MQ-25 "黄貂鱼"无人加油机、察打一体的 X-47B 隐身无人攻击机。F-35C "闪电Ⅱ"攻击机具备超高的机动性和优异的隐身性能,采用推力矢量喷管,虽不具备超音速巡航的能力,但却具有极佳的生存能力,尤其是该机搭载与航母本身形成的适配性相当出色。在复杂电磁环境下,该机的战场信息感知能力也

> 美国 F-35C "闪电Ⅱ"型舰载机

> F-35C 从"福特"号航母上拉起升空

很强，在未来海空作战中拥有一定的优势。舰载 X-47B 隐身无人攻击机的作战半径为 1500 千米，如果经过空中加油则可达到 3500 千米以上；不仅如此，该机还可挂载近两吨炸弹。"福特"号航母上将搭载服役 X-47B 无人机的后继机型（大约 2020 年左右形成作战能力）和无人潜航器，两者可实施远距离的空中和水下的探测与攻击，形成航母编队中的全新、机动灵活、用途广泛的"左膀右臂"。

> X-47B 无人机，机翼折叠

第三，"福特"号航母将使用起点更高、技术含量更多的电磁弹射器和电磁拦阻装置。在当今世界上九个拥有航母的国家中，真正采用蒸汽弹射器的，只有三个国家；除美国外，还有法国和巴西，而其他国家都采用比较原始、相对简单的滑跃起飞方式。目前，美国"尼米兹"级核动力航母上所使用的蒸汽弹射器，全部为 C13 型系列；其中，已退役的"企业"号和"尼米兹"级前 4 艘航母装备的是 C-13-1 型，而"尼米兹"级后六艘则装备了 C-13-2 型。首部起飞区布置两部，斜角甲板起飞区布置两部。

无论是首部甲板，还是斜角甲板，蒸汽弹射器主体均位于飞行甲板的正下方，布置在一个 1.07 米高、1.42 米宽、101.68 米长的开口槽内；它的总体积 1133 立方米，整个系统全重 486 吨。C13-0 弹射器的活塞和往复车总重达 2880 千克，动作筒直径 0.457 米，总行程 80.72 米；其中，动力行程 76.15 米，蒸汽排量 25.768 立方米。C-13-1 的动力行程增加到91.41 米，总行程也随之相应增加到 99.01 米，蒸汽排量达到 32.508立方米，从而具备了在无甲板风的情况下弹射飞机的能力。为了降低蒸汽系统的压强，C-13-2 将动作筒直径扩大到 0.533 米，尽管总行程不变，动力行程减小到 93.50 米，但蒸汽排量仍达到 43.240 立方米，整整

❯ C-13-2 蒸汽弹射器活塞拖动试验　　　❯ C-13-2 蒸汽弹射器

比前者多了 10 立方米。经过几十年的不断改进与发展，虽然技术日臻成熟，但蒸汽弹射器因其内在的缺陷和结构本身存在的问题，而最严重的是由于缺乏反馈环节，导致牵引力经常出现损失峰值；再加上蒸汽系统容易出现不可控制的压力扰动，有可能损害飞机机体，降低机体寿命；如果要将损失推力波动降低到合理程度，增加的闭环控制系统将复杂到无法接受。正是因其效率低，若要进一步提高载荷，势必使蒸

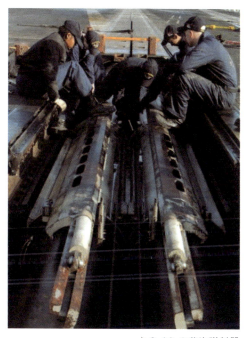

> C-13-2 蒸汽弹射器

汽弹射器更为庞大、复杂和笨重。巴西和法国航母虽也采用蒸汽弹射器，但所采用的蒸汽弹射技术完全来自美国，其本国完全不拥有该项技术的专利。

　　时至今日，美国尽管拥有蒸汽弹射器的全套技术及其技术优势，但却早就开始研发更高起点的电磁弹射器和电磁拦阻装置。美国海军希望通过最先进的电磁弹射器，能在两至三秒内输出 122 兆瓦的能量，从而使重达 30 吨的舰载机快捷地加速到起飞速度。试验证明，"福特"号核动力航母可在弹射的瞬间，即把全部电力集中到电磁弹射器上，通过采用包括电机转子动能储能方式等一些先进的技术，产生出较大功率的电流，来供弹射器弹射飞机使用。

　　第四，"福特"号航母将全面换装多型新概念武器，包括高能激光武器、电磁轨道炮、高能粒子束武器等，用于彻底更换现役航母上传统的防御武器。现代航空母舰不仅有攻的问题，而且也存在着防的问题。当

今，各国航母上的防御体系，尤其是对空防御武器，主要是由航空母舰本身所搭载的舰载机有限的防御武器，以及护航舰艇配置的各种防御武器来共同完成。例如，美国海军现役"尼米兹"级核动力航母上所配置的防御武器通常有射速 2.5 马赫、射程 14.6 千米的 RIM-7M "海麻雀"舰空导弹，射速 2 马赫、射程 9.6 千米的"拉姆"舰空导弹，以及 2 座或 4 座 MK-15 "密集阵"近防武器系统（射程 1500 米、发射率 4500 发 / 分）。

尽管美国现役"尼米兹"级航母编队的对空防御能力不错，但是一旦遇到对方实施"饱和攻击"，往往会出现抗击手段不足，拦截显得力不从心，从而导致受损严重。多年来，美国海军仍在不断地提升各型防空导弹和速射炮的性能，但鉴于这些武器物理结构上的限制，因此提升的幅度较为有限，总体防御效果并没有出现质的改善和提高。经过多方权衡和反复比较，美国海军认为，唯有采用舰载新概念武器，作为未来航母进行防御特别是对空防御作战的"杀手锏"，才有望彻底改变目前航母对空防御的被动与不利局面。为达成可靠、高效的防御目的，"福特"号航母上将装备电磁轨道炮、高能激光炮、高能粒子束武器等多型新概念武器；其中，最

> RIM-7M "海麻雀"舰空导弹

先布置的有可能是射程超过300千米的电磁轨道炮。该炮主要利用电磁系统中电磁场的作用力来发射炮弹，具备反应迅速、攻击能力强、火力转换速度快、命中率高等特点；它可将一枚300克重的弹丸瞬间加速到4千米/秒，而一般步枪的射击速度只有1千米/秒，因此前者的拦截和攻击能力都将大大优于现有的各型舰载导弹和火炮。目前，美国海军还在加紧开发功率达20兆瓦，能及时快速拦截来袭的各种导弹和低空飞机的高能激光武器。

〉"拉姆"舰空导弹

〉MK-15"密集阵"近防武器系统

〉"福特"号航母正在安装双波段雷达

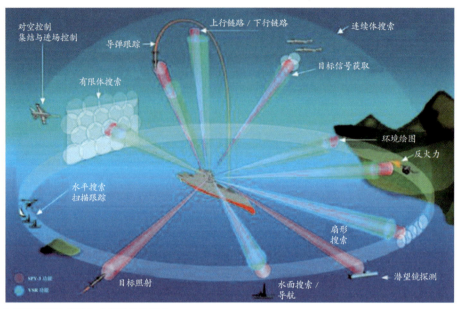

对空控制
集结与进场控制

上行链路／下行链路

连续体搜索

导弹跟踪

目标信号获取

有限体搜索

环境绘图

反火力

水平搜索
扫描跟踪

扇形
搜索

SPY-3 功能
VSR 功能

目标照射

水面搜索／
导航

潜望镜探测

〉双波段雷达能够完成多种作战任务

　　第五，"福特"号航母采用了高性能雷达，能有效地搜寻发现各种目标。双波段搜索和跟踪雷达（DBR），与"尼米兹"级航母采用的 SPS-48 雷达相比，DBR 最大的优点就是提高了"福特"号航母对付高超音速目标的能力。SPS-48 采用频率扫描，只能在高低方向实现电子扫描，方位上仍旧采取机械扫描，因此，目标数据更新速率较低，如果目标速度较快，就会出现确认比较困难的问题。而 DBR 是二维电子扫描，在探测到目标之后，可以迅速调转波速目标，对目标进行确定，因此，目标关联速度较快，在目标速度、数量增加的情况下，仍然可以迅速确认目标，继而引导武器系统进行拦截，一部雷达完成了原来需要几部雷达才能完成的工作（从第二艘开始，不再采用双波段搜索和跟踪雷达）。

福特号航母的采办流程

实际上，就在新一代"福特"号航母（CVN-78）建造的同时，它的命名工作也同期展开。究竟要给 CVN-78 航母起一个什么样的名字？相关部门的确还颇费了一番工夫。当时，美国参议院武装力量委员会主席约翰·华纳和资深民主党议员卡尔·列文最先联合提议，以杰拉德·福特总统的名字命名，以表彰和纪念福特总统对美国人民和美国海军所做出的重要贡献。它们的理由既充分又很简单：福特是一个美国不同寻常的总统，他曾以美国最特殊的方式上台，是未经历届总统竞选产生的唯一美国总统；同时他还有着美国最长寿的总统之称，享年 93 年又 121 天。"杰拉德·福特"被国会正式确定之后，不仅成为 CVN-78 航母的名字，也将成为美国下一代多艘航母的级别名称；因为根据美国海军传统，首艘航母的名称，通常也是同一型号其他航母的级别名称。

新一代"福特"级航母的采办流程，完全严格按照 2003 年美国最新版 5000 系列采办文件来执行。整个采办阶段划分为：方案精选、技术开发、系统开发与演示验证、生产与部署、使用与保障五个阶段，并设计 A、B、C 三个里程碑决策点。在这五个采办阶段中，设计成为整个过程中的"关键"，即必须出色地完成"福特"级航母四个阶段过程中的所有设计工作，也就是方案设计、初步设计、合同设计和详细设计。

为了确保所有阶段设计工作均能高效、到位，美国海军于 1993 年专门新成立了一个航母工作组，开始探索新一代航母上可以使用的各项高新技术和全新系统的可行性。与此同时，开展了"福特"号航母的军事需求分析以及《任务需求书》(《21 世纪战术航空兵及平台任务需求书》)的编制工作。在这份《任务需求书》中，美国海军明确提出所需达到的六大能力：

一是战略机动能力。即在任何时候、任何地方、任何情况下，只要是需要，航母都必须有能力做出快速反应，并最快捷地独立部署，且有足够的战术灵活性，能够与其他诸军兵种共同实施联合海上远征作战。

二是精确和密集火力投送能力。美国海军要求新一代"福特"级核动力航母必须能够出动足够数量的作战／攻击飞机，携带足够的弹药和燃油，以满足长时间的海上、海空航行并进行力量投送、火力制空与监视行动的需求，必须为联合作战部队指挥官提供有力的空中战术保障。

三是联合指挥与控制能力。美国海军要求"福特"级航母必须具备互联、互通、互操作的能力，通信设施必须完全满足海上联合作战，跨部门协同以及盟国部队兼容的需要；必须能够作为指挥控制中心融合大量的情报，综合与生成从而得出一致可靠的战术图像，以支持与盟国部队、本国各军种作战部队以及航母战斗群和舰载机联队的规划；同时与其他部队之间的协调行动，将部队的行动通知给相应的各层级指挥官；必须让各指挥官，能在各自的作战平台上指挥作战，并完全支持联合部队指挥官。

四是维持与保障能力。美国海军要求"福特"级航母编队有能力，不依赖岸上设施，在海上能确保本舰及整个战斗群（包括护航舰艇及舰载机等兵力）较长时间的维持和保障能力。

五是生存能力。美国海军要求"福特"级航母，必须能够在极为复杂的海战场环境中，或受到相当威胁的情况下，有效、可靠地使用舰载战斗／攻击机，以及预警机、电子战飞机等，执行多种作战任务。同时，能够较好地保护自身免受对方攻击和干扰；一旦受到攻击或干扰，各项能力不应受到严重影响并能够较好地保存下来。

六是发展潜力。美国海军要求"福特"级航母必须支持当前和未来航母舰载机，有能力同时执行多种作战任务，以及非战争军事任务；同时能够适应极复杂的作战环境和海空域未知的水文、气象条件的变化；必须在受到敌方较大威胁以及任务和技术状况发生巨大变化时，具备灵活转换能力。

1996 年 3 月 8 日，"福特"号航母《作战要求书》获得批准。该舰的《作战要求书》编制包括三个阶段：第一阶段（1996 年初至 1997 年初）。美国海军确定"福特"级航母所需要执行的战术任务主要包括 63 项。

第二阶段（从 1997 年初至 1998 年 7 月）。美国海军相关部门要求舰队高级军官和高级技术人员一起，以 63 项战术要求为基础，确定"福特"级航母 37 项特征参数；主要包括可靠性、对外通信、内部通信、全天候能力、数据管理、任务计划、弹射与回收……武器搬运和存储、飞机适配性、飞机维修 / 物资保障、自持力……居住性、空间适应性、通过能力、部署能力、环境保护。在这 37 个特征参数中，可靠性、对外通信和内部通信，由于权重最高，所以位列性能指标的前三位；部署能力、环境能力的权重分别为 0.0822 和 0.0557，因而位列 36 和 37，居最末位。37 项特征参数的权重和优先级，与战略机动能力、精确和密集火力投送能力、联合指挥与控制能力、维持能力、生存能力、灵活性与发展潜力等六大核心任务相互借鉴参考，从而提出具体的指标要求；重点分析其中的 4 个核心能力：战略机动能力、精确和密集火力投送能力、维持能力和生存能力所对应的特征参数要求；并在本阶段内形成《作战任务书》初稿的制定。

第三阶段（1998 年底至 2000 年初）。美国海军要求，在进入本阶段前，方案分析已经确定新航母所采用的核动力装置，以及搭载 75 架各型飞机和直升机。本阶段的重点是对生存能力、精确和密集火力投送能力这两大能力，进行重点分析；同时，分析灵活性和发展潜力。最终形成一份正式的《作战要求书》并呈报海军部长和海军作战部长。

"福特"级航母《任务需求书》编制中重点分析的四项核心能力：

第一是战略机动能力。主要包括航渡速度对新航母接近目标能力的影响，保持飞行能力的要求对航渡性能的影响；飞行作业中的航速对飞机正常和紧急起降能力的影响，以及战术机动航速对规避和逃离危险目标时的作用。

第二是精确和密集火力投送能力。主要包括出动架次率（即一个固定规模和配制的舰载航空联队，能够产生和出动多少架次），飞机停放、起降和维修能力对出动架次的影响，出动架次率能够保持多长时间，低出动架次率能够保持的时间；弹药的存储、搬运和处理，弹药库的容量，弹药如何高效地从弹药库移动到飞机的装填和悬挂部位，以及一些种类弹药是否会因为尺寸或安全方面的原因影响到整体设计考虑。

第三是维持能力。即要求无人作战飞机及其他无人机在新航母上起降所受到的影响，某些功能是否能够转移到无人机上，有无妨碍无人及作业或设立的限制因素。

第四是生存能力。即要求降低整体信号特征，要在经济可承受的范围内，降低新一代航母的全谱特征信号，包括雷达反射面积、红外、电磁、噪声等，使威胁杀伤链（探测、跟踪、交战）对航母的影响出现明显降低。舰载武器和对抗措施，要求新一代航母有较强的舰载武器和对抗措施：舰上应配备的区域防空、反潜武器，各种新概念武器等武器，使各种硬杀伤和软杀伤武器系统的抗击和防御能力达到最佳的效果。此外，新航母要求其抗损性和其他性能之间必须达到较好的平衡。

总体来看，这项任务需求书是对"福特"级航母顶层设计的要求，不仅提出了新航母的战略任务、核心能力要求、面临的威胁等，而且对新一代航母的各种可能方案，给出了带有倾向性的意见，但是没有对新一代航母提出具体的任务指标要求。其后不久，"福特"级航母项目通过了里程碑零审查。1996年，"福特"号航母项目启动时，采办程序与目前的采办程序存在着一定的差别；按照当时的采办文件的规定，共有0、1、2、3四个里程碑决策点；随后进入方案竞选阶段，正式进入采办流程。

按照美国海军舰船设计流程，该阶段进行"福特"级航母设计的主要工作是，完成航母方案的论证工作，最终目标是提供一个明确肯定的基本型，并提出航母相关特征参数的指标要求，从而为下一步设计提供一些基本的依据和参考。实际上，这个阶段的主要工作分为两大类：一是进行方案分析；二是对作战要求书确定编制。这两大类工作同步进行，并利用各自的成果，互为补充，互为参考。

在此后一段时间里，相关部门主要是对大约 70 个项目备选方案，进行全面、多角度的分析和比较。此外，有关部门和人员也对许多分系统、子系统，进行各项性能和全寿期费用等进行大量的评估和分析，得出可供决策咨询的参考意见。整个方案的分析工作，又分为三个阶段进行：第一阶段（1996 年 3 月—1997 年 10 月）。该阶段重点分析了航母航空联队的规模大小，究竟是采用大型航空联队，还是小型航空联队；航母舰载机的起降方式，究竟是短距起飞 / 垂直降落，还是常规起降。第二阶段（1997 年 10 月—1998 年 9 月）。该阶段主要分析航空母舰的吨位和舰体的大小，究竟是采用大型航母还是小型航母；动力装置形式，究竟是采用核动力，还是常规动力。第三阶段（1998 年 9 月—1999 年 10 月）。该阶段重点分析不同方案的费用和技术问题、不同方案的费用及相关技术问题等。

经过一段时间的工作，美国海军高层和相关人士最终决定："福特"级航母的舰体结构，应在现役"尼米兹"级航母的基础上进行改进；依然使用核动力装置进行推进，舰上共搭载大约 75 架各型飞机和直升机；同时使用常规起降方式。

2000 年 6 月 15 日，新一代"福特"级航母项目在完成方案竞选工作之后，通过了里程碑意义的决策审查；由此正式进入技术开发阶段，开始初步设计和合同设计的工作。在初步设计中，还将进一步对方案中确定的新型航母目标图像进行细化，设计人员将按照一定的设计方法，进行综合分析和分系统设计，主要包括确定舰体的基本情况、机械系统、辅助设备、武器装备，以及舰员的战位设置、生活起居位置，同时估算所有这些因素的总重量；确定舰体型线和上体建筑结构，以及重点装置设施的配制；确定内部甲板和船舱壁的位置，以确保模块化建造的顺利实施。此外，还确定了"福特"级航母的总体设计性能和全舰的性能特征，进行了深入的系统集成和最优化的设计分析。到了初步设计阶段的末期，2003年7月，美国海军正式授权纽波特纽斯造船厂担任新一代"福特"级航母项目的主承包商。

位于美国弗吉尼亚州临近汉普顿锚地的纽波特纽斯造船厂，是目前美国唯一可建造航空母舰的造船厂，与临近的美国海军诺福克海军基地有紧密的合作关系。2001年11月7日，该造船厂被诺斯洛普·格鲁曼公司收购，为此该造船厂随即更名为诺斯洛普·格鲁曼造船厂。

在整个合同设计中，相关部门把确定好的分系统功能和费用等转化为合同文本，发布招标书，以供航母相关的建造企业竞标；此后，"福特"级航母各舰的系统采购中，大致采用两步式的方法（即阶段一和阶段二）；其中，阶段一包括购置动力系统和船、机电系统等，由纽波特纽斯造船厂负责；阶段二通过整合航母中心和航空中继维修设施，全部采用竞标的方式；而一些主要的作战系统组件则由海军其他项目提供。

2004年4月至2015年，进入系统开发与演示验证阶段。本阶段将进行"福特"级航母详细设计和初步建造。各承包商将利用合同确立之前的大量研究成果，开始启动建造目标的详细设计工作；同时把设计图纸转化为施工图纸。当详细设计进行到一定程度时，开始建造此时详细设计的图纸，刚好能为一定的建造活动，提供非常及时的图纸设计支持。

2004年4月26日，"福特"级航母通过了里程碑1决策审查，进入系统开发和验证演示阶段。2005年8月，新一代航母——首制舰"福特"号航母（CVN-78）正式启动先期建造工作。然而，此后又整整拖了3年时间，才总算于2008年9月10日，正式签订"福特"号航母的建造合同；整个合同金额51亿美元。

> 美国纽波特纽斯造船厂干船坞

　　第一炮打响之后，美国海军似乎找到了感觉，很快又做出一个重大决定：除建造完工"福特"号首制航母外，还将接连开展二号舰和三号舰的建造工作，以为下一阶段的全速生产加强基础。在这个阶段中，"福特"级航母的一部分重点系统也开始进入正式研发阶段；例如，先进的电磁弹射器和电磁阻拦装置，分别于 2004 年 4 月和 2005 年 2 月选出主承包商，并由通用原子公司进行详细设计。在进入生产和部署阶段后，即开始按照预定的进度，逐步生产出预定数量的航母。按照美国海军计划，"福特"级航母将于 2017 年通过里程碑 3 决策审查，随后进入全速生产阶段。每一艘航母完成建造任务后，均由美国海军负责验收；验收合格后随即交付作战部队使用，并展开相应的航母保障工作。

　　2009 年 3 月，美国国防部取消一个原定举行的国防采办委员会的会议；该会议的内容，是确定"福特"级航母计划开始进入建造阶段。五角大楼发言人谢利尔·欧文称，该会议取消的原因，是由于"时间安排冲突"所致。她还说，五角大楼并没有安排另外一个时间举行这次会议。很

> 接近完工的"福特"号航母

快，就有一位不愿意透露姓名的海军军官说，国防采办委员会会议之所以取消，是因为五角大楼采办部的人员发生了变动。肯尼思·克里格在近期内，辞去美国国防部采办执行官的职务，而由他的副手约翰·扬来取代（这个交接需要得到参议院的确认）。

美国海军确定要建造完工前三艘新一代核动力航母"福特"级航空母舰（CVN-78、CVN-79和CVN-80）之后，它们的采购工作随之陆续展开。CVN-78"福特"号采办始于2008财年，美国于2014财年预算申请中，已确定该航母的采办耗资共计128.293亿美元。在2001至2007财年，"福特"号属于前期采办拨款；2008至2001财年，使用国会四年增量拨款全力采办；2012年和2013年财年，美国海军并未向国会申请该舰的采办拨款。但是，2014财年和2015财年，美国海军要求为该舰的采办经费拨款分别为 5.88 亿美元和 7.29 亿美元，以应对该舰建造成本的上涨。

CVN-79 航母的采办计划于 2013 年财年开始，2007 ~ 2012 财年前期采办拨款，2013 ~ 2018 财年使用国会六年增量拨款全力采办。在 2014 财年预算申请中，预计该舰采办资金共计 113.384 亿美元，并要求 9.449 亿美元采办拨款。

CVN-80 航母的采办计划，将于 2018 财年开始，在 2014 财年预算申请中，预计该舰采办资金共计 138.742 亿美元；该舰计划在 2016 ~ 2017 财年开始前期采办，2018 ~ 2023 财年使用国会六年增量拨款全力采办。

关于 CVN-78 航母项目的报告，包括以下几个方面：首先，2013 年 3 月美国海军造舰项目 2013 财年拨款和未指定用途资金封存造成的影响；其次，是 2014 财年美国海军造舰计划拨款和未指定用途资金可能封存的潜在影响；再次，有关 CVN-78 航母成本增长情况，以及 CVN-78、79、80 航母目前预测的采办成本处于立法拨款上限，能否更改他们的拨款上限等；最后，CVN-79 和 CVN-80 航母同批购买的可能性。

第2章
福特级航母的设计
与建造

福特级航母的设计特点

迄今为止,"尼米兹"级航母对世界任何拥有航母的大国或强国海军来说,无疑都是最强的战舰。它不仅吨位、体积最大,设施、装备最全,而且能以30节以上的高速持续航行数十万海里,甚至高达100万海里;最大自持力可达90天,并能将大批量的各种飞机快速弹射出去。

"尼米兹"级核动力航母在过去几十年的时间里,无论是进行现代海上局部战争,还是处理各种应急事件,执行非战争军事行动任务,其表现都足以证明:它们是美国政府或美国军方最得力的海上作战工具和最重要的战略平衡力量。

　　随着"尼米兹"级最后两艘航母"里根"号和"布什"号相继入役，其更进一步成为美国海军在世界任何海域、任何地点展示威力或投射兵力的最强大、最有效象征。尽管美国海军给予了"里根"号和"布什"号航母大量的技术升级改造，但是从总体来说，它的舰体、机械装置、武器装备、电子设备乃至动力系统等，基本上还是维持几十年前的设计理念或传统，并没有出现质的变化。根据目前的现代化改进计划，现役的多数"尼米兹"级航母及其编队护航舰艇，还将继续在海上驰骋并运用数十年，因此，这些舰体、机械、武器、装备乃至舰载机等，也将伴随使用数十年。相对而言，"尼米兹"级核动力航母所面临的最大问题，就是发电能力十分有限，而且升级改造的余地不大。后续"里根"号和

> "里根"号航母

"布什"号航空母舰大量的升级改进，致使整体重量有所增加，且保持稳性的重心储备明显消耗。上述众多的局限，较大程度上约束和影响了许多新技术优点的发挥和作战能力的应用，尤其是那些要求增加电力和高能耗的高新技术。例如，要求能够实施电磁弹射飞机的电力，现役的"尼米兹"级核动力航母的动力装置就远无法满足，并予以进行提供，也不能满足各种新概念武器包括电磁轨道炮、激光炮、粒子束武器等对电力的强大需求。

　　"尼米兹"级核动力航母的上述局限，致使美国海军决策者认识到：必须及时地研制和推出新一代的航母，才能从根本上解决上述问题。这种新一代的航母，可以利用"尼米兹"级航母的基本线型，但其内部设置武器装备、机械装置，乃至电力系统都必须进行实质性的改变；同时要改变飞行甲板和减少甲板上飞机的移动和调度，从而大幅增加出动架次率；新一代航母要求装置新型的动力装置，使之能提供数倍于"尼米兹"级航母的电力，从而允许其能够使用电磁弹射器快速地弹射新型飞机及重量极轻

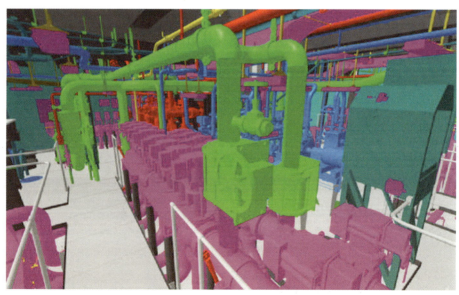

> "福特"号航母的泵舱设计；设计师戴上三维墨镜，盯着屏幕，将自己置身于航母设计模型之中

的无人机，并为新概念武器提供强大的电力支撑；通过对内部的重新设计和新技术的采用，明显地减少人员的配备，从而大量、急剧减少各种维修费用。

于是，"福特"级航母采用了与"尼米兹"级航母截然不同的设计方法：通过借助虚拟现实技术，能够在三维模拟的状态下完成整艘航母的设计，并且利用这些三维设计图纸直接建造航母。可以说，"福特"级航母是第一艘

〉英国伊莉莎白女王号航母三维设计图

〉美国诺斯洛普·格鲁曼公司

采用计算机软件而非蓝图设计的航母。诺斯洛普·格鲁曼公司在设计该航母时采用了计算机辅助三维交互式应用软件—CATIA。这是一款 CAD/CAE/CAM 一体化软件，现已广泛应用于航空航天、汽车制造、造船、机械制造、电子、电器等行业，能够模拟从方案设计，到详细设计、装配、维修的全部设计过程。

诺斯洛普·格鲁曼公司还采用了计算机辅助虚拟环境技术。这是一款三维沉浸式环境工具，可快速操作虚拟现实，可在一个单独的显示器上显现三维图像，用于检测"福特"号航母 CATIA 产品模型的某一区

域，并对建造策略进行修订。诺斯洛普·格鲁曼公司纽波特纽斯造船厂采用了两套快速操作虚拟现实系统：一套用于支撑工程设计，另一套放在造船厂的最终装配平台上，用于支撑建造，以保障产品模块的合理性。相对传统的航母设计，"福特"号航母采用可视化设计，允许工程管理人员在电路、管路、机械和通风设计上，相互协调合理使用空间，避免设计冲突。这种可视化的设计方式，还可让设计人员和军方代表坐在一起共同讨论分析、应用一个清晰全面的视野，容易直观地了解对方的意见和需求，而不像在二维试图上要颇费口舌去解释或辩明一些意见和观点。此外，诺斯洛普·格鲁曼公司采用的这种可视化的设计方式，还可避免一些设计上的错误和问题，从而大大节约设计时间和有效利用空间，明显节省材料，确保产品的建设与装配，大幅提高工作效率。

福特级航母的主要设计

20世纪60年代，美国造船设计师最后一次在图版上设计航母。当时，他们还曾用墨水笔绘制图纸，并且制造了全尺寸的木质模型来验证他们的设计方案；然后，由航母造船厂的工程技术人员和工人们，具体着手解决建造航母的问题。到了2009年，传统的设计方法发生了巨大的改变，造船工程技术人员和工长们不需要再带着头盔或穿着长靴，风餐露宿奋战在舰上各部门、各舱室。如今，造船设计师唯一要做的事情，就是戴上略显厚重的三维墨镜紧紧地盯着屏幕，并将自己置身于航母虚拟设计模型中，亲临其境地进行设计与修改。

据一位曾进入航母模型中进行过具体设计的专家称，他们走进类似船舱一个极其普通的建筑屋内，踏入一间四周墙壁都涂成黑色的房间内，而首先映入他眼帘的是，房中央摆放的一个 2.4 米高的屏幕。通过这个屏幕，全美国的造船工程师根本不需要离开他们自己的办公室，就能借助虚拟现实模拟器对航母设计图进行修改和优化。例如，一个航母航空燃油舱的虚拟三维模型，在这个模型里完整地布置着每一项构建和设备，从泵、管道到垫片，甚至带有固定螺栓的舱壁，工程师可对每一个数字化的部件，分门别类地指定零件的细节及其供应商。这样，包括海军在内的相关人员只要进入其内，都可以将其与实体模型相比较，从而通过虚拟模型看得更直观清楚。

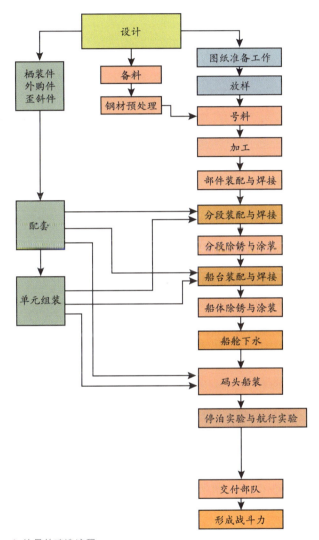

> 航母的建造流程

此外，工程设计人员还可以使用其他复杂的软件来设计研发航母，以满足未来的需要。例如，在飞行甲板上造船工程技术人员可对运送舰载机到飞行甲板并准备弹射的路线进行测试。在"尼米兹"级航母上工作人员需要将飞机牵引到飞行甲板不同的场所进行航空燃油的补给，武器装备的

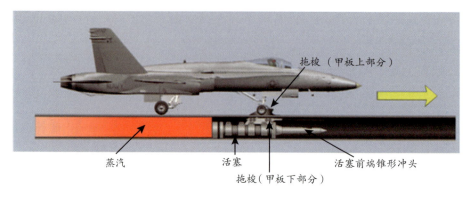

拖梭（甲板上部分）

蒸汽　　　　　　活塞　　　　　　活塞前端锥形冲头

拖梭（甲板下部分）

> 美国航母蒸汽弹射器弹射飞机示意图

再装填以及维修检查等；而在"福特"级航母上工作人员在一个场所就可以完成全部的工作，通过这项新技术美国海军希望使航母舰载机的架次率提高25%，最高达到每天270架次。

毋庸置疑，"福特"号航母是美国海军第一种利用计算机辅助工具（CAD）设计的新型航空母舰，整个系统设计应用了虚拟影像技术。虚拟影像技术是通过复杂的计算机虚拟成像过程，去塑造整个航空母舰的设计阶段、建造过程的各个细节或总体结构，从而克服传统的、常规的设计手段和设计绘图所无法实现、无法再现的逼真的三体结果；而且能精确地模拟每一个设计细节，并且预先解决相关的布局问题，从而对各种部件实际制造的掌握精确度也大幅度提高。此外，在这次"福特"级航母的设计中，美国海军也允许多个设计团队在同一时间内分别进行不同系统、不同门类的设计开发，以节约时间。

如果从外观上看，"福特"号航母的整体设计布局，似乎与"尼米兹"级航母大致相似，但实际上前者在诸多方面进行了重大的改进或改良。例如"福特"级航母上虽然同样装有四座弹射器，其中两座位于舰首，另外两座位于斜角甲板；但其最大的不同是，原先"尼米兹"级核动力航母上所采用的为蒸汽弹射器，而在"福特"级航母上，则由全新研发的电磁弹射器所取代。传统的蒸汽弹射器是由核反应炉制造生产的大量高压蒸汽，存储于汽缸中；待需要时，则使用蒸汽推动牵引飞机的弹射梭，最终以270千米/小时的速度将舰载机弹射升空。存储高压蒸汽的气缸或者输送高压蒸汽的管线，通常都需要占用舰上较大的空间，且高压蒸汽弹射系统中的活塞、管路、阀门等零部件所承受的消耗也相当惊人。

综合多年的统计数据表明：现役"尼米兹"级航母上的C-13-2蒸汽弹射器最常出现故障的部位，是调节蒸汽压力的活门，以及存储蒸汽的汽缸。此外，弹射轨道和牵引飞机前轮的梭车，常常由于高温摩擦而不断会出现失火的情况发生。发展并采用具有革命性意义电磁弹射器的"福特"级航母，就彻底杜绝了"尼米兹"级航母蒸汽弹射器上述情况的出现与发生。众所周知，电磁弹射器是载流导线在磁场中受力，导致和利用磁通量巨大的瞬间变化而产生感应电磁斥力，将飞机快速弹射升空。传统马达的定子采用环状排列，使得转子产生原地旋转运动；而电磁弹射器则采用两

> C-13-2 蒸汽弹射器

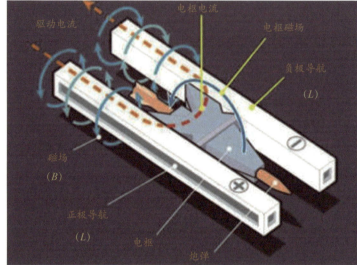

> 电磁弹射器原理图

侧式线性感应马达，定子分为两侧直线排列，充当弹射器的轨道，而转子则在两排定子之间进行直线运动，转子上头连接了用于牵引飞机前轮的梭车，从而拉动飞机高速前行起飞。

除了采用先进的电磁弹射器外，"福特"级航母还将采用先进的飞机回收系统，来取代传统的拦阻装置。传统的拦阻索由钢缆和液压缓冲机构构成，以"尼米兹"级航母上的 MK-73 型拦截装置为例，它能将一架降落速度为 240 千米 / 小时、重达 25 吨的舰载机在 2 秒钟之内、100 米的距离内迅速停下来。传统的"尼米兹"级航母舰载机上的武器中的相当一部分由于不采用制导技术或其价格比较低廉，因此，常在飞行任务结束后尚没有用完时就抛入海中，以减少降落时飞机的重量与着陆风险。如今，美国航母舰载机上配备了越来越多的精密且昂贵的制导武器，返回时如果没有用完，必须同机携带回来。鉴此，美国海军要求：新一代航母上装设的拦截回收系统，功能必须进一步强化，能有效地应对舰载机返航时的重量较大且风险有所加大的状况。

> 美国航母电磁弹射器实验装置

　　与"尼米兹"级航母相比,"福特"级航母在飞行甲板的布局上,最主要的改进在于油料与弹药补给的变动。后期型的"尼米兹"级航母只拥有三具甲板弹药升降机,分别位于前方弹射器中央、右舷两座则靠近前方的飞机升降机之间和舰岛旁边;进行弹药补给作业时,舰上人员必须先通

> 将采用新型拦阻装置的
"福特"号航母

> 倒扣飞行的美国 F/A-18E/F

过弹仓升降机，将武器从水线以下的弹药库往上送至零三甲板（即下甲板机库再下一层），然后借用位于零三甲板的舰上餐厅空间，在餐桌上完成武器的组装设定；接着通过输送车将弹药运至甲板弹药升降机部位，然后送上飞行甲板。"尼米兹"级航母将甲板弹药升降机，设在飞行甲板中间，是为了配合弹药库的位置；从而使得通过弹药升降机将武器送上甲板时，所有的飞行起降作业都必须暂停。此外，武器弹药送上甲板后，还要通过甲板运输车分门别类地送到每一架需要挂弹的飞机位置。与此基本相同的是，飞机的加油作业也是通过穿梭于甲板各处的加油车，直接开到需要补给的飞机旁。实践证明，每次"尼米兹"级航母舰载机中队进行加油、挂弹作业，通常需要耗时约两小时。

"福特"级航母的另一个重要的设计特点是，与飞机甲板本身关系密切。在"尼米兹"级航母上，四号弹射器通常不能弹射载荷较大的舰载机，因为沿着飞行甲板边机翼有障碍，新一代航母则纠正了这种缺陷。该航母将飞行甲板加宽了几个小段，以便改变舰载机的调度、存放和滑动等。再者，"福特"级航母的舰岛比"尼米兹"级航母更小、更靠后。"尼米兹"级航母有四部飞机升降机和三个机库间，而"福特"级航母只有三部飞机升降机和两个机库间。飞行甲板经过重新设计，虽然总体布局和设施变化不算太大，但通过减少飞机的加油、检查和武器装载必需移动次数，从而产生了一系列重要影响，明显节省了时间，架次率约改进和提高了 15%；这还不包括重新设计后的武器运送路线，而提高的架次率。"福特"级航母的飞行甲板设计要求，舰载机在着舰和准备下次弹射起飞之间，只能进行一次后推。除改进架次率外，采用较小的飞机升降机和机库间隔及舰岛，新一代航母大约有 5% 的重量和重心储备，为此做出了重要的贡献。当然，由于明显减少了舰载机在飞行甲板上的移动量，所以也将大幅减轻机务人员的工作量和降低了人力配备的要求。

"尼米兹"级航母从核反应堆中得到的发电量和能量利用率是固定不变的；然而，各项新技术、新装置和新系统如果累加到"尼米兹"级航母上，就必然要增加对电力的需求。可是，在"尼米兹"级航母现有的、难以满足电力需求的情况下，增加较大的基础载荷，将会导致动力装置寿命

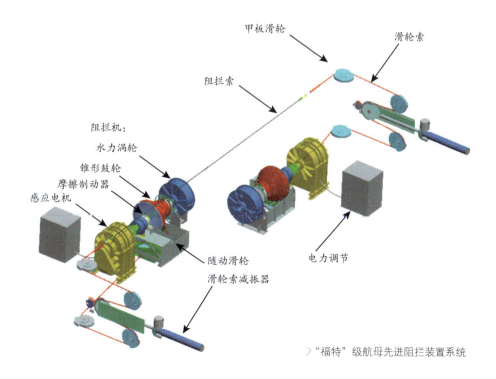

> "福特"级航母先进阻拦装置系统

的减少，甚至可能使其寿命最多减少至 11 年。不仅如此，这些能量的短缺也严重地妨碍了生活保障设施的有效工作，如厨房、洗衣房、加热器以及其他辅助设备等；缺乏电能最为严重的是将妨碍许多高新技术装备的安装使用，例如新型雷达、电磁弹射器和新概念武器等。

　　除电力不能满足未来的需要外，"尼米兹"级航母的核动力反应堆是一个非常大且复杂的综合系统，在"尼米兹"级航母的核动力反应堆中，有30 多种不同尺寸的管路、1200 多个阀门和 20 多个泵。此外，在航母航行期间，整个反应堆系统运行时，需要有 60 多个值班战位为其安全和正常运转提供保障，因此需要配备大量的专业人员。"福特"级航母设计并安装了新型的 A1B 型反应堆，克服了原先"尼米兹"级航母反应堆的许多缺点；同时使用了许多高新技术和进行多项全新的改进，使得新一代航母能产生大约三倍于"尼米兹"级航母的日常电力供应。

　　这种电力能量的大幅增加，彻底结束了先前提及的由于较高活性区的能量密度和较低的泵功率的需求之间的矛盾和不匹配，满足"福特"级航

〉美国贝蒂斯核动力实验室研制，用于"福特"号航母的 A1B 核反应堆

> 美国海军 EA-18G 电子战飞机

母电磁弹射系统弹射飞机和其他系统电力需求。与"尼米兹"级航母核反应堆相比，A1B 型核反应堆的系统和结构并不复杂，某种意义上说，更为简单且部件性能也更为可靠，数量也明显减少。例如"福特"级航母核反应堆大约减少了 50% 的阀门、管路、主泵、冷凝器和发射器；蒸汽发射系统使用不到 200 个阀门，且只有 8 个尺寸的管路。这些重大的改进，使得整个核反应堆的结构不仅更加简单，而且维修量也明显减少，人员需求也大幅降低，从而确保系统更加紧凑高效，所占用的舰内空间也少得多。新型的核反应堆，使用了现代电子控制和显示器，使得航行时值更站由原先的 60 多个减少到约 20 个。毫无疑问，值更人员的减少和维护量大幅度降低，对新一代航母的舰员减少是一个巨大的贡献。有关核动力装置的管理和维修保养人力要比"尼米兹"级少约 50%，而中级维修量也大约减少 20%；整个系统的全寿期总费用总体上约减少 20%。从目前的技术方案和整体计划来看，"福特"级航母的中期维修间隔时间至少在 40 个月以上，而"尼米兹"级航母则为 18 个月；这种改进将使"福特"级航母有更大的可靠性更高、维修费更少，效费比更高。

　　"福特"级航母的新型动力装置，将与新一代区域配电系统相结合。现役"尼米兹"级航母上的配电系统，是采用辐射性结构向全舰配电；这种配电系统要求从中央环形系统的总线到舰上各应急电力负载中心，需要安设长 41.8 千米以上的电缆。"福特"级航母的新一代区域配电系统，既克服了配电系统结构复杂，也减少了一旦航母战损后重新组网和现代化改装的困难；由此一来，不仅减少了大约 9.7 千米长的电缆线，而且提供了紧凑的结构；在各个分区内，还将集中各种负载中心。

大量飞行实践表明，"尼米兹"级航母上的蒸汽弹射器大约每 60 秒钟能弹射一次飞机，这样舰上四座蒸汽弹射器全部投入使用，大约平均每 20 秒钟能有一架飞机升空。事实证明，蒸汽弹射器的安全性比较高，美国海军通过对十年记录的 80 多万架次舰载机弹射中，大约仅有 30 次发生主要部件故障，且仅一次损失了一架飞机。

尽管如此，美国海军依然认为：蒸汽弹射器存在着较多的缺陷和不足。首先，目前蒸汽弹射器的能量对弹射现有舰载机的最大重量有着严格的限制，不允许舰载机总重超过 32 吨；蒸汽弹射器作用力的峰均比值，只能以比较低的能级增加，即蒸汽弹射力的可调范围十分有限。所以，对于重量较轻的飞机，特别是重量只有几十千克的无人机，实施蒸汽弹射时存在着较大的困难；因为作用在无人机上的力在整个弹射过程中始终都处

美国现役航母
主要装配

F/A-18E/F "大黄蜂" 战斗机

各型 "海鹰" 直升机十余架

EA-18+G 电子战飞机

E-2C "鹰眼" 预警机，以及各型直升机等

于变化，因此无人机的整个结构一直都受到了很大的应力冲击。这种变化中的应力，不仅会明显降低有人驾驶飞机的疲劳寿命，而且对无人机的结构更会产生致命的毁损或伤害。根据美国海军航空兵赫斯特湖实验站进行的断裂力学分析表明，由于应力降低可使机身寿命延展 31%。

电磁弹射技术，这种新型的飞机弹射技术却为"福特"级航母有效地弹射不同大小、吨位各异的飞机（包括无人机），提供了极为有利的基础，完全克服了蒸汽弹射技术的缺点。电磁弹射器具有广泛地选择能源的便利条件，它的能效比现在的蒸汽弹射器要高得多。弹射期间，不管给的能级如何变化，控制系统都具有极佳的加速调控能力；既可弹射重量更重的有人驾驶的飞机，也可以弹射轻至几十千克重的无人机，从而大大增加舰载机的使用寿命和明显减少维修费用。相对于蒸汽弹射器来说，电磁弹射器还有一个非常突出的优点，即在于舰上操作和维修人员大幅减少；计算表明，电磁弹射器比蒸汽弹射器要求的人员需求减少 35%。

实际上，现役"尼米兹"级航母的拦阻装置也存在着类似于弹射装置的许多问题，例如拦阻装置虽处在着舰飞机的重量设计极限内，但却不能回收如今陆续服役任何一种无人机；这其中最主要的原因是，由于无人机的结构强度存在着较大的弊端和不足。此外，眼下的拦阻装置的维修量也相当大。"福特"级航母所装设的先进拦阻装置，对于未来飞机的大小、重量和功率等，都具备着最好的适应性和匹配性，既能回收重量更重的有人舰载机，也能回收重量仅几十千克的无人飞行器。而且，今后"福特"级航母所装设的先进的拦阻装置所要求的维修量，远比"尼米兹"级航母拦阻装置的维修量大幅降低。

与"尼米兹"级航母相比，"福特"级航母还明显改进了舰载机的加油方式并提高了加油速度，使得加油率显著提高。尤为值得注意的是，该航母使用了一个新的航行补给系统，从补给舰输油到航母的燃油舱，所需的时间仅及原来的一半。

由于运用了大量先进的高新技术，因此"福特"级航母的综合作战能

> 俄罗斯核动力航母虚拟设计图

力得以明显提高，其生存能力大幅增强。数据表明，"福特"级航母比"尼米兹"级航母舰员数量减少了，架次率却增加了15%以上。通过安装电磁弹射器弹射和新的回收系统，允许弹射和回收重量更重的飞机和较轻的无人机；采用这些新系统，还使舰载机受到的结构应力较小，从而延展了飞机的使用寿命；且需要的人力少，维修量降低，维修费用明显降低。"福特"级航母的全寿期费用将减少15%左右。

值得一提的是，"福特"级航母因结构得到很好的改进，以及安装了先进的装甲，使得舰体和阵位所受导弹和鱼雷攻击损失将明显减小；加之新型动力系统和配件系统，全面提高了战损管制能力，有效地增加执行任务的时间。美国海军专家认为，多项新系统由于性能好，重量、体积减少，从而腾出了众多空间使各种弹药，飞机燃油和补给品数量大幅增加。此外，该航母上的生活设施和文体设备也有所增加，舰员生活保障和舒适性也将有所提高。

美国海军已决定，有关部门将对"福特"号航母上的每一个部件、每一种状况都进行模拟试验，包括从机舱的损管测试到舰桥上获取飞行甲板的视野。令人惊奇的是，上述模拟试验甚至还包括航母食堂的模型试验；

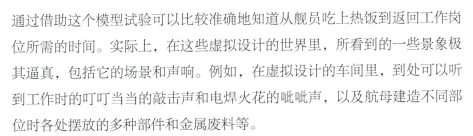

通过借助这个模型试验可以比较准确地知道从舰员吃上热饭到返回工作岗位所需的时间。实际上，在这些虚拟设计的世界里，所看到的一些景象极其逼真，包括它的场景和声响。例如，在虚拟设计的车间里，到处可以听到工作时的叮叮当当的敲击声和电焊火花的呲呲声，以及航母建造不同部位时各处摆放的多种部件和金属废料等。

事实证明，大批高素质的造船工程师在这个虚拟的航母设计世界里，为美国海军新一代"福特"级航母的首舰进行了优化设计，从而确保了这项耗资140亿美元工程能够有效减少大量误差与失误。

福特号航母的分步建造

2005年8月，首制舰"福特"号建造正式上马；2008年9月10号，该舰建造合同正式签订，而合同签订者正是被誉美国核动力航母"产房"的纽波特纽斯造船厂。

自1958年开工建造世界上第一艘"企业"号核动力航母以来，近60年来纽波特纽斯造船厂始终是美国唯一一家建造核动力航母的船厂。事实上，在纽波特纽斯造船厂将近130年的历史中，先后建造过各类舰船800艘以上。该厂不但是美国最大的造船厂，也是唯一一个能够设计、建造核动力航母以及对核动力航母进行核燃料更换和人修的造船厂；同样也是美国仅有的两个能够建造核动力潜艇的造船厂（另外一家是通用动力电船公司）。

2001 ~ 2007财年，美国海军为建造"福特"号航母先期拨款37亿美元；2008 ~ 2011财年，美国海军又在分阶段又拨款了78亿美元；2014 ~ 2015财年随着战舰成本的增加，再次补充拨款13亿美元。由于

> 两架 MH-60R 直升机在海上飞行

技术上的延误和财政拨款的一系列耽搁，"福特"号航母在建造过程中由于分包商不能充分和及时地供应专为航母设计的冷却水供应系统，以及在制造甲板时为减少重量和增加航母稳心高度，而使用更薄的钢板，结果导致经常发生钢板变形，有关部门常为消除因变形而耗费大量的时间和资金，从而出现了多次延误。

纽波特纽斯造船厂最初计划 2015 年 9 月向美国海军交付该战舰。其后，计划修整后，又正式决定于 2016 年 2 月向美国海军交付"福特"号航母。此后 10 个月，美国海军对该战舰主要系统整合又进行了国家测试，然后是为期 32 个月的最后国家测试。从 2016 年 8 月至 2017 年 2 月，美国海军将最后在"福特"号航母上安装补充系统，并对已装的各种系统进行修整和改进。

尽管"福特"号航母计划于 2016 年正式加入美国海军现役，但是要初步形成战斗力大约要到 2017 年 7 月；而直至 2019 年 2 月，才能全面形成战斗力。美国海军航母计划处负责人海军少将托马斯·穆尔说，在交付战舰和形成战斗力之间持续这长的时间，对于新一代航母的首制舰来说是很正常的；况且像"福特"级核动力航母因采用如此众多复杂、高新技术的战舰那就更属正常。

初步统计，"福特"号航母一共采用了13项全新的关键技术：最初计划是在其前一级"尼米兹"级航母的最后一艘"布什"号及最后两艘（"里根"号和"布什"号）逐步、分批采用多项新技术。但是，形势不等人，自2002年起由于高新技术的不断涌现和快速提升，使得原先分批采用多项新技术的决定被迅速更改，导致纽波特纽斯造船厂在没有最终完整设计情况下，开始建造了这艘新的战舰。这一系列设计上的草率，导致了许多关键技术的开发严重滞后。

由于不想更改建造和交舰期限，美国海军决定在达到7级技术完备水平（实际上，6级技术完备水平是准备在必要的条件下进行试验；7级技术完备水平是准备批量生产和正式使用；8级和9级是量产性分别在必要条件下和实际条件下的正式使用能力得到验证）之前，就开始边继续试验，边着手建造以及安装关键系统。美国审计署在一份报告中曾公正地指出，未来战舰的各关键系统中，出现任何严重问题或缺陷的情况，都可能导致耗费大量的时间和经费去加以修整，从而削弱整个航母的作战潜力。

前不久，公布了一份《使用评估与试验处处长2013年版报告》。该报告对"福特"

> 西科斯基公司创始人西科斯基

> MH-60R 直升机

> 新一代多模相控阵雷达

> 西科斯基 S92 型直升机

号的计划提出了十分尖锐的批评：指出"福特"号航母一系列关键技术的可靠性和技术完备程度，"较低或者不符合规定"；包括电磁弹射器着陆拦阻装置、多功能雷达和输送航空弹药用的直升电梯等，这些都可能对飞机的出动强度造成较大的负面影响，需要进行重新设计。上述报告还认为，所宣称的飞机出动强度指标（以往"尼米兹"级航母每天最大出动强度为 160 架次，而"福特"号航母在短时间内可达到 270 架次），即便基于较为乐观的条件（能见度不受限制，天气良好，舰载系统工作顺利等）都未必能实现。这份报告还专门指出，"福特"号航母现在的计划实施期限留给修整试验和消除故障的时间不足。该报告特别强调在使用评估和试验开始后，进行全系列修整试验的风险；"福特"号航母不能支持用多个 CDL 信道传输数据，这可能在很大程度上限制了航母和其他兵力、武器装备等的协同能力。

此外，航母自卫系统也不符合要求，风险很高，且训练舰员的时间也严重不足。

大约在十年前，美国海军海上系统司令部的指挥官根据计划确定了"福特"号航母编写预算的时间表。此后，从首次得到采购新航母的资金算起，大约经历了十年左右的建造航母历程，从订购、设计到建造各个合同商，分别根据"长期领先清单"未交付部分的关键部件进行准备，例如A1B核反应堆、涡轮机、升降机等大型设备的安装、装配等，展开前期的工作。同时，美国海军还将航母的设计方案发往位于弗吉尼亚州的纽波特纽斯造船厂，最终由该船厂完成真正用于施工建造的详细设计。从整个设计和建造过程来看，纽波特纽斯造船厂已经实现了无图纸化和计算机虚拟设计。实际上，航母真正建造早在官方指定的龙骨铺设仪式数月之前，就已展开。

"福特"号航母主要在12号干船坞（12号干船坞是全美国唯一一座能建造航母的干船坞）内完成。这个船坞围出了前后两个部分：前部空出274.3米用于建造其他民船，而后部则留出235.3米用于建造该航母。其实，建造"福特"号超级航母的成功关键在于精细的开端，精确地摆放第一块龙骨则是关键中的关键；它如同一个三维坐标中的原点，航母的建造以此为中心展开；整个先期工作将持续4到6个月。与此同时，有些预先组装也已经展开，各组工人将部分模块焊接到一起，摆放在干船坞的路边上。

从超级航母正式下水开始，往前倒数33个月，这段时期对于航母的建造进度及确保质量，是非常重要的；而且关乎到航母建造费用的分配和船厂的年终分红。多年的航母建造经验，使得纽波特纽斯造船厂认识到，保持航母建造最大效费比的核心机密就是"分段建造"。

现代航母的设计和建造，与传统的造房子由下往上的方式截然不同。通常，是将整个航母分成若干"分段"，在造船船坞边独立建造每个分段；然后将各个分段吊入船坞内，像拼积木一样将它们组装成型。这种分段独立建造，随后进行组装的好处有很多，能极大地缩减费用，减少场地浪费。一般来说，在船厂车间工作 1 小时的工作量若在码头上进行通常需要 3 个小时；而放在船坞内进行则需要 8 个小时。所以，为了缩短工时、减少占地，通常会将大量工作向车间转移，从而总体上也大大缩减了费用。针对这种情况，纽波特纽斯造船厂专门建造了一座大型组装车间，以更方便、更快捷地建造"福特"号航母。而在此之前，用于"福特"号航母的钢板，先通过火车运送到纽波特纽斯造船厂，然后进行切割、冲压，并弯曲成"福特"级航母舰体形状，最后再将它们组装成大型分段。

为了确保航母的吊装、组装等工作的顺利实施，纽波特纽斯造船厂在先前已拥有重达 900 吨大型龙门吊的基础上，近些年来船厂又引进购买了重 1050 吨的大型龙门吊。"福特"号航母的建造实践已向世人披露，这艘超级航母主要由 162 块"超级分段"组成；而这些"超级分段"又是由上述经过先期切割冲压呈各种形状的小块钢板焊接而成的。各种形状的小块钢板最初是由火车或汽车先运送到纽波特纽斯造船厂，然后被点焊在一起，再通过机器人焊手将其焊接成型，最终搭建成"超级分段"。

一旦基础结构完成，大型龙门吊就将其吊起转送至 12 号船坞边上的组装场地；之后，船厂的工人就分头钻进各自的工作结构，为其装上电气、蒸汽、排污系统等大量的管线、配件等。当"超级分段"完成后，船

〉美国大型通信公司设置的 10MW 光伏发电系统

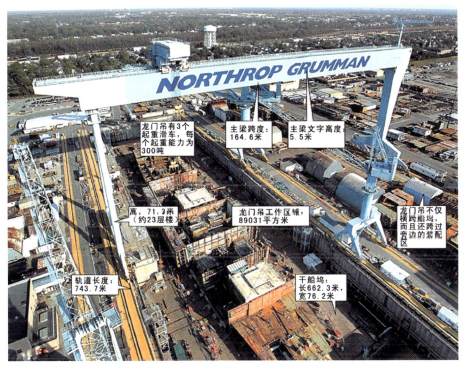

> 纽波特纽斯船厂的龙门吊和船坞

　　坞上的超级龙门吊就将其移动到头顶上吊往干船坞内进行组装。此时，船坞里堆积着数十个"超级分段"，每一个分段都处于不同的准备阶段；在分段组装时，动力、水、空调也能装入分段中，以确保整个建造过程更加高效、便利。事实上，分段的摆放铺设也很有讲究，最初的"超级分段"包罗万象，既包括双层底、反应堆，也包括蒸汽发动机、弹药库等，它们均围绕着龙骨摆放；而要将这些位于舰体下层的多项庞大的结构，有条不紊、准确无误地组装在一起，确非易事，通常要耗时四个月左右的时间。

　　在距离下水22个月前，尾部的主甲板／机库甲板以下部分一般已经到位，主要的生活舱室和防护系统（包括双层底，重心防护板等）已经完成，从外表看起来已经具有航母的模样。到距离下水18个月时，机库后

> 在航母上降落的 X-47B 察打一体无人机

甲板也基本成型，包括左右两弦的巨大舷台结构，也开始组装建造；而指挥员和舰载机的相关舱室，以及各部门的办公室也在此时进行装配。在距离下水前 14 个月时，机库甲板、舷台和舰首机构都已经到位，飞行甲板的首个组件开始装入舰体中部。在距离下水前 4 个月时，机库和飞行甲板几乎都已完成；此时，舰首下部和整个舰尾都已完成。

下水仪式进行之前，船厂工人将舰体保持水密状态，并开始从詹姆士河引进河水注入干船坞直至加满为止。由于 12 号船坞的水位深度有限，通常下水的日期选择需要根据潮汐条件来确定，而整个出坞过程必须迅速而准确。下水仪式结束之后，专用的拖船会将"福特"号这个巨大的空舰体拖至纽波特纽斯造船厂另一侧的舾装码头；进行为期两年多的舾装，安装各种线路、管道及相关的系统。此时，12 号船坞也被腾出用来建造下一艘航母。

2013 年 5 月 7 日，纽波特纽斯造船厂将最后一部分大型分段吊装到"福特"号航母上。这次吊装是所有 162 次大型分段吊装中的最后一次，标志着"福特"号航母持续三年多的主船体建造工作，至此已全部完成。这个分段包括航母电磁弹射器的前端；整个分段重 66 吨，长约 23.5 米，由四部分钢结构组成。

"福特"号航母采用船坞下水的办法，与船台下水相比作业更加容易，且具有很多安全方面的优势。但是，"福特"号航母毕竟造价约 130 亿美元，因此在下水之前，为了确保安全，展开各方面的论证和计算工作是必不可少的；例如，为便于清洁干船坞的边缘结构，"福特"号航母在下水之

前的一周之内，不再增加任何重量。纽波特纽斯造船厂在建造"福特"号航母期间，采用了3D模拟技术，对舰艇的每一个细节都考虑入微，与传统造船相比有多项重大进步，降低了下水的风险。

2013年10月11日，纽波特纽斯造船厂阴雨绵绵，而由于"福特"号航母将首次在水面上飘浮，使人们情绪高涨。经历近四年的建造之后，"福特"号航母由已故总统杰拉尔德·R·福特之女——苏珊·福特·贝尔斯按下了几个按纽，将约37.8万立方米的水注入船坞。水注入船坞期间，工作人员紧张地进行各项测试。最初，注入约1.2米深的水，水刚好淹没建造期间用于支撑舰体的龙骨墩，覆盖有木头的混凝土垫。当船坞慢慢注满水后，首先完成了飘浮试验，然后将一部分水排出船坞，"福特"号航母回到龙骨墩上，准备好进行正式的下水仪式。

2013年11月9日，两万人莅临纽波特纽斯造船厂现场，具有传奇色彩的人物——亨利·基辛格等政要也陆续来到现场。终于迎来了极其隆重的时刻！苏珊·福特·贝尔斯拿起香槟酒向"福特"号航母船头磕击，并隆重宣布：福特号下水。海水缓缓注入船坞后，美国人寄予厚望的"福特"号正式下水。2013年11月17日，"福特"号航母从纽波特纽斯造船厂12号船坞移往3号船坞，随后将进行28个月的舾装和测试工作，并于2016年加入美国海军现役。

"福特"号航母的舾装工作完成后，尤其是整个工程完工之后，还需要经过几轮造船厂的海试和军方验收测试，最后才移交给美国海军。

"福特"号航母建成后，其外观与

> 苏珊·福特启动注水按钮

> 苏珊·福特·贝尔斯用香槟酒磕击航母舰首的一瞬间

现役的"尼米兹"级航母相差不多，但是，它的内部结构和系统却发生了革命性、实质性的变化。其中，最显著的就是，该航母将大大减少对蒸汽的依赖。现役"尼米兹"级核动力航母上所进行的一切活动，包括加热舱室、晒干衣服、推进船舶、制造淡水、弹射战机等，都要靠核反应堆产生的蒸汽来完成。但在"福特"号航母上，这些系统都将实现电气化，其中最显著的应用就是在飞行甲板上的四台电磁弹射器。现役"尼米兹"级航母上，包括运送粮食、服装、弹药、机器零配件等，均需要很多人力、机械车来运送、来完成；而在"福特"号航母上，电力叉车将是搬运各种食品、补给品的主力。有关项目负责人称，"福特"号航母上所需的人力，将比现役"尼米兹"级航母至少减少 700 人。

　　"福特"号航母的建造技术，完全超越取代了过去"尼米兹"级航母的建造技术。这些技术中大多数，都是几十年前设计和建造"尼米兹"级航母时所无法想象的。例如："福特"级航母上的动力系统，所产生的动力是"尼米兹"级航母的三倍；再比如，能在"福特"号航母上起降，并将迅速转换投入作战使用的 X－47B 察打一体无人机等。当然，"尼米兹"级航母的建造经验对新航母建造，还是非常值得后者学习和借鉴的。比如，最后才完成航母表面的涂层喷涂，这样可以避免在建造中产生焊缝和应力点上需要再次涂刷的麻烦。当然，"福特"级航母表面上的涂料，已不是油漆，而是采用一种高固体含量的涂层；这种涂层不容易受到损坏，而可使用的寿命却很长。

　　"福特"号航母还对舰桥采取了缩小设计，且挪后设置的方案，从而突出了 75 架战机的机位；再加上使用其他先进技术，使得"福特"级航母每天起落战机数量高达 270 架次。值得一提的是，"福特"号航母上有史以来首次不再装备男厕小便槽，使采用性别中性的卫生间，可以让分配

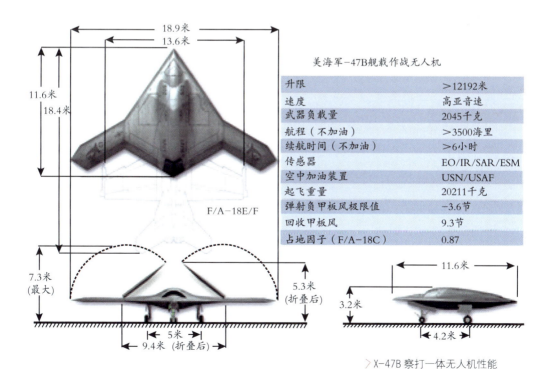

美海军－47B舰载作战无人机	
升限	＞12192米
速度	高亚音速
武器负载量	2045千克
航程（不加油）	＞3500海里
续航时间（不加油）	＞6小时
传感器	EO/IR/SAR/ESM
空中加油装置	USN/USAF
起飞重量	20211千克
弹射负甲板风极限值	－3.6节
回收甲板风	9.3节
占地因子（F/A-18C）	0.87

▷ X－47B 察打一体无人机性能

> 第一第二岛链示意图

男女房间的事情变得更加简单、合理。当然，该级航母对于以往航母一些不合理之处，进行了大胆而又简单的改进，例如采用了直径更粗的排水管道，来避免下水道堵塞所造成的异味。

2009 年 1 月 15 日，美国国防部与纽波特纽斯造船厂正式签署了"福特"级二号舰（CVN-79）的先期筹备合同。这份合同包括：设计、规划、采买，总价值 3.74 亿美元。同年 5 月初，美国海军又与纽波特纽斯造船及船坞公司签署了先期备料的修正合约，总价值 7726 万美元。这项先期合约于 2010 年 10 月执行完成；11 月 11 日接着又签署了一个后续的设计与工程发展和约，价值 1.892 亿美元。

2011 年 2 月 26 日，二号舰"约翰·肯尼迪"号也在纽波特纽斯造船厂切割了第一块钢板。然而，两年半的时间过去了，直到 2013 年 8 月，美国海军还在与纽波特纽斯造船厂"扯皮"，仍就该舰的建造合同进行谈判。

按照美国海军的惯例，一般每建造一艘新航母与上一艘新航母的时间间隔是四年。这个速度，是造船厂及其工业基地在产能和价格方面完全能够承受的，同时也是海军进行分期支付的合理时间（因近些年来，每艘航母的造价已高达 100 亿到 120 亿美元）。然而，2009 年为了减轻年度月

算的负担，时任美国国防部长的罗伯特·
盖茨将在建的"福特"号航母和"肯尼
迪"号航母的时间间隔，由原来的四
年延长至五年。这项命令使得此后的
美国航母生产速度进入将由现在的每
四年一艘正式改为每五年一艘；这一
改变，意味着美国海军在未来不得不面
临新航母更新不及时的困境。

> 奥巴马当选总统后，
盖茨继续留任国防部长

然而，更令美国海军感觉到窘迫的
是，美国国会已经开始认真考虑将减少
美国海军的航母数量。根据以往的美国国会法案，美国海军必须保有 11
艘航空母舰。例如，2013 年 6 月 13 日美国国会众议院以 318 票对 106 票
否决了一项由共和党议员提出的削减美国海军现役航母数量的修正案，要

> "福特"级 2 号舰"肯尼迪"号正在船厂中铺设龙骨

> 美国国会大厦

求美国海军必须至少保留 11 艘航空母舰。随着"福特"级航母建造工程的明显减缓，有关人士普遍认为：美国航母数量减为 10 艘已经是不可避免的了（现在看，保持 11 艘航母还是有可能的）。2013 年 8 月 12 日，美国国会众议院武装部队委员会海上力量分委会主席兰迪·福布斯致信美国海军部部长雷·马布斯，要求后者回答相关问题，以帮助其明确了解将美国海军航母数量从目前的 11 艘削减到 8 到 9 艘的可能性；具体包括：美国海军实现削减目标可以采取的措施，以及如何评价这一调整对造船工业和舰艇维修业所产生的影响。

第3章
福特级航母关键技术与系统

主要关键技术与系统

　　"福特"级航母在设计与建造之初，就被美国海军赋予作战能力更强大、全寿期成本更低廉的明确要求。为了达到这个很高的要求，该级航母的总体设计目标非常明确：一是航空装备效能大幅提升，即不仅要明显提升飞行甲板的支援保障能力、提升弹射器与拦阻装置的技术性、可靠性及飞机的可用率，至少可以搭载约75架各型舰载机；在持续作战的情况下，要求舰载机出动率最高达220架次。二是提高航空母舰及舰载机的生存能力，即通过采取区域配电、结构防护、损管救生和集体防护系统等手段，

> F/A-18E/F "超级大黄蜂"

来提高抗损毁能力。三是采用自动化技术，降低维护成本和值班需求，加速调整舰员编制。

"福特"级航母所使用的关键技术和系统，涵盖面广，涉及到航母上方方面面，且技术含量高，有很多尚未成熟，甚至还处于加紧研发阶段；主要包括：电磁弹射技术、先进拦阻技术、先进武器升降机技术、双波段雷达技术、核推进装置与电力设备、舰载武器装填装置、"增程海麻雀"防空导弹、海空数据管理控制系统、新型空调设备、联合精确进场着舰系统、反向渗透海水淡化系统、重型海上补给系统、等离子弧垃圾处理系统等。其中有 9 项，即超过一半以上在很长一段时间内都尚未完全成熟，尤以电磁弹射技术、先进拦阻技术、双波段雷达技术所面临的问题最为突出、风险也最大，由此给"福特"级航母的建造技术、建造成本和工程进度带来了极大的风险和难以估计的问题。

新型航母展开的研究及后续工程进度都充分证明：上述三项风险突出的关键技术，即电磁弹射技术、先进拦阻技术和双波段雷达技术，对于"福特"级航母的正常入役乃至作战能力的提升，均有着至关重要的影响。

为此，美国海军一方面尽早落实经费到位，另一方面要求各相关部门机构加大研究与试验力度，确保这些技术的性能能够得以充分验证，以使新航母各项指标均能达到预期指标，并能按期交付。

大量分析与试验表明，电磁弹射器技术、先进拦阻技术、双波段雷达、重型海上补给系统，这四项关键技术对舰载机出动架次率的影响尤其之大，而先进武器升降机对出动架次率的影响也是中到大。所以，美国海军抓住重点，优先加紧突破上述四项关键技术。

先进独特的飞行甲板技术

如果不仔细观察，似乎"福特"号核动力航母的飞行甲板与"尼米兹"级核动力航母的飞行甲板差别不大。但实际上，"福特"级航母的飞行甲板长332.8米、宽80米，而"尼米兹"级飞行甲板长332.9米、宽76.8米；前者的飞行甲板总面积要超过"尼米兹"级航母的飞行甲板总面积。

与"尼米兹"级航母相比，"福特"级航母的飞行甲板其实进行了多项重大的改进，其中改进的重点主要集中在右舷区域：第一，是将右舷的三台飞机升降机减为两台，从而增大了航空保障区的面积；第二，增加了一台弹药升降机，并对其进行了优化设计和布置，使其位置更便于弹药的提升和运输；第三，是明显缩小岛式上层建筑，并将其置于更靠近舰尾的区域，使舰载机在飞行甲板上的调度更加顺畅便利；第四，在上层建筑前方区域设置了集中的航空保障区，实现了舰载机的"一站式"保障（所谓的"一站式"保障，就是将舰载机的加油、挂弹、充气、充电，安排在最合理的程序之下，使之能在最短的时间内，最快捷有效地完成），从而大幅减少舰载机在保障过程中所出现的不必要调运作业，以及忙乱出错的现

> "福特"号航母先进武器升降机的 14 样机

象发生。此外，岛式上层建筑后部和左舷升降机后部的飞行甲板轮廓也变得更为丰满，可增加停放飞机的数量，这对减少过于频繁地从机库调运舰载机，保障舰载机出动率，提高战斗力，均有着极大的益处。电磁弹射器的应用将明显拓宽舰载机重量大小的范围，过去蒸汽弹射器无法弹射的小型无人机，使用电磁弹射器后可以轻易地弹射升空。在充分吸收 10 艘"尼米兹"核动力航母设计和运作经验之后，所采取的上述改进，使得"福特"级航母的飞行甲板，将具有更好的舰载机起降和航空保障的条件，从而也更有利于航母作战能力的提高。

　　"福特"级核动力航母上的飞机升降机采用常规的舷侧式，相对于"尼米兹"级航母，将使用频率最低的 3 号升降机（位于岛式上上层建筑后右舷的升降机）取消，从而使得飞机升降机的数量减为三台。减少为三台的主要原因在于：第一，新式"福特"级航母的飞机升降机的升降速度较快，往返一次只需要一分钟，可在较短的时间内将足够数量的舰载机运送至飞行甲板。第二，"福特"级航母搭载的舰载机数量少于现役"尼米兹"级航母；因此，该级航母不需要四台升降机。近年来，通过大量的研究和试验表明，使用三台升降机和四台升降机，对于提升舰载机的速率和可靠性，以及保障航母作战能力等方面，两者相差不大。从美国不同时期设计的各级航母来看，美国航母右舷飞机升降机后移的主要原因在于，舷侧升降机经常会遇到较为严重的上浪问题，通过升降机的后移配置可在一定程度上减轻上浪的影响。不仅如此，"福特"级航母右舷两台升降机的间距也有所加大，能在一定程度上缓解甲板开口之间的应力过于集中的问题，从而提高船体的总纵强度；此举还很明显地增加右舷舷台的面积，可以更有效地在舷台结构内布置航空弹药装配区，有助于提高弹药保障的效率。三台飞机升降机在长度的方向上布置得更为平均，使飞机进出机库的线路也更加合理。

　　"福特"级航母的弹药升降机全部位于右舷舷侧甲板上，这一点与"尼米兹"级航母不同。其实，在冷战时期，"尼米兹"级航母的弹药升降机还承担着投送核弹的使命，核武器被贮存在主船体最核心的位置，因此，其弹药升降机均布置在主船体上，可尽量缩短核武器在舰体内部的运

> "福特"号航母升降机

输距离，从而提高快捷性和安全性。冷战结束后，核大战的威胁大大降低，常规局部战争逐渐成为主要的作战形式；通常美国航母不再需要投送核武器，因此武器弹药的组装不必安装在防护等级最高的主船体内，可以在舷台内进行弹药装配；这种布置方案可最大限度降低武器弹药装配对舰员生活区的影响，且弹药升降机布置在舷侧也更有利于弹药在飞行甲板上的转运，可提高航空保障和舰载机出动的效率。

弹药升降机平台，垂直于舰体中轴线方向，这样可以减少弹药运输车的转弯次数，同时也缩短了弹药升降机与一站式保障区域内飞机的距离，减少舰载机的重新装弹时间，提高出动率。从目前掌握的建造情况来看，"福特"级航母的弹药升降机数量多于"尼米兹"级航母，且布置得更为集中。这样做的好处是，能更加有效地管理弹药的存储与装配，尽可能地提高作业效率；但它的缺点也很明显，即其抗打击能力要弱于"尼米兹"级航母。美国之所以采用这种设计，是考虑到未来很长一段时间内，没有哪个国家能突破美国航母的防御圈，因此这方面的抗打击的要求并不是太高，关键还在于确保弹药的快速提升和运送。

"福特"级航母的弹药升降机采用直线电机驱动，比起传统的电动液压式和钢索式运行的速度更快，升降速度也更加容易控制。此外，甲板上还将搭载使用一种更为先进的弹药输送车。这种装设了全向轮的弹药输送车具有体积小、举升能力强、能原地转向、自动化程度高等诸多特点，从而将进一步提高弹药的保障能力，并减少操作人员的数量。

与"尼米兹"级核动航母一样，"福特"级航母也采用最先进的核动力装置，因此也不涉及动力装置的排烟问题，从而岛式上层建筑的布置更加方便灵活，设计人员也不必再进行烟道的设计与布置，只需考虑舰载机在飞行甲板和机库甲板的布列和调运；当然，要统筹考虑岛式上层建筑对舰尾气流场的影响。

由于岛式上层建筑是航母的指挥中枢，同时也是整个飞行甲板的最高点，因此其位置安设需要综合考虑飞行甲板各项作业的特点，否则会对舰载机作业产生严重干扰。对于常规动力航母，其排烟问题，的确曾是一个令人头疼的麻烦问题；因为锅炉排烟温度最高可达1600摄氏度，所以烟道不允许穿过机库，只能布置在岛式上层建筑内，因此舰岛的布置方案缺乏灵活性。不过，在可能的范围内，需要尽量照顾舰载机的布列和调运作业；例如，美国的"小鹰"级航母就比"福莱斯特"级航母的岛式上层建筑后移了约30米，主要用于布置烟道。

通常，常规动力航母为了方便排烟的需要，常常要将上层建筑置于舰体的中部。这种布置方案的优点是可以尽量缩短烟道的长度，减少对航母其他舱室的影响，确保岛式上层建筑内的航行指挥室具有良好的视野。不过，上述布置的缺点也相当明显，岛式上层建筑位于船体中部，右舷占据了舰载机航空保障最有利的位置，极大地妨碍了舰载机的布列与调运。更为严重的是，岛式上层建筑与降落跑道之间形成了一个阻滞带，阻滞点使回收舰载机时岛后的飞机无法调运至舰首起飞区。为了有效地改进上述不足，"福特"级航母选择了改变舰岛的布置方案。

〉已下水的英国"伊莉莎白女王"号航母

人们还发现了，即将服役且采用常规动力的英国"伊丽莎白女王"级航母就选择了双岛式方案。这种双岛式上层建筑既便于燃气轮机的进气与排气通道的布置，也有利于提高航母指挥系统的抗打击能力，还有利于飞机升降机的布置与升降。但是，舰岛数量的增多，并没有从根本上解决舰载机调运阻滞点的问题，只是因为单个舰岛变小而使阻滞作用变小。法国"戴高乐"号核动力航母是将岛式上层建筑布置在一号升降机之前；这样，岛后面积就变得十分宽阔，便于舰载机的统一调运和集中保障，也有利于着舰区远离舰岛，从而减小湍流对舰载机着舰的影响。这种方案完全解决了阻滞点的问题，但又影响到舰载机向舰首调运的路线。

"福特"级航母的岛式上层建筑布置在二号升降机之后，相对于"尼米兹"级航母后移了约 30 米，空出了前方大量的宝贵面积，形成了集中的航空保障区，非常有利于航空保障作业。但是，舰岛的后移并没有解决降落跑道之间的阻滞点问题，由于岛后面积的减小，使得停放飞机的数量

〉法国"戴高乐"号核动力航母

随之明显减少，因此受影响的舰载机很少；而且在"福特"级舰岛之后，所停放的舰载机多是预警机，并不需要进行弹药保障的需求。由此可以证明，"福特"级航母的这种设计，比起"戴高乐"号航母的设计来说更为高明：因为表面上着舰点的后移并不能完全解决问题，只能将不利的影响降至最低，但不会带来其他方面麻烦。

不过，美国海军对"福特"级航母的舰岛后移评价很高，称其是对飞行甲板一场较大的变革。由于舰岛更接近舰尾，为减少上层建筑对舰载机着舰的影响，"福特"级航母的舰岛相对于"尼米兹"级又减小了 12 米，长度只有 18 米；除了舰岛长度明显减少外，还在其狭小的空间内，集成安装双波段雷达的共六个有源相控阵天线（其上部为 X 波段雷达天线，下面为 S 波段雷达天线）。该舰岛的平行截面积类似三角形，这种形状降低了舰岛后方产生涡流的可能性，对舰载机着舰十分有利。"福特"级航母舰岛的小型化，不仅是因为采用核动力而取消了烟囱的缘故，而且由于美国科学技术水平先进，军工企业发达；特别是其国防建造体系完善，具备将同等性能的设备小型化、精密化的能力。虽然"福特"号航母比俄罗斯的"库兹涅佐夫海军元帅"号、中国的"辽宁"号航母都要小得多，即便与只有 4 万多吨的"戴高乐"号核动力航母相比也要小得多，但因其电磁兼容性能仍满足要求，导致舰上大量电子设备均能有效地布置在如此狭小的舰岛内。此举充分体现出美国科技军工企业存在着强大的技术优势。

在充分研究了"尼米兹"级核动力航母作战性能的基础上，美国海军专家和工程技术人员普遍认为：航空保障是影响航母舰载机出动回收能力的最大瓶颈。过去由于航空保障设施分布在全舰多个位置，如要完成保障，就必须将舰载机牵引到不同的保障战位，而这一过程中的舰载机系留再解系，以及调运过程都会浪费很多时间。在全面借鉴了美国国家赛车联合会的"一站式"保障的理念后，"福特"级航母将采用更加高效的航空保障模式，即在飞机甲板右舷的舷侧区域，设置集中的"一站式"保障区域，舰载机在该区域内任意停机位上，就能完成诸如加油、挂弹、充电、充氮、加氧等全部航空保障作业，避免了不必要的调运工作，提高了航空保障效率。

通常，航空作战要按照波次出动舰载机，例如每隔一至两个小时，放飞新一批舰载机并回收上一批；但"尼米兹"级航母往往因为航空保障力量的不足，而影响每波次出动架数，导致连续出动状态时每波次仅为十架次左右。为了提高航空保障能力，"福特"级航母的右舷区域集中停放了大部分舰载机，其中岛式建筑前的"一站式"保障区域停放有20余架，并可同时为18架飞机提供航空保障服务。这项设计增加了"福特"级同时保障的飞机架数，从而使更多的飞机能及时地完成保障，提高了每波次出

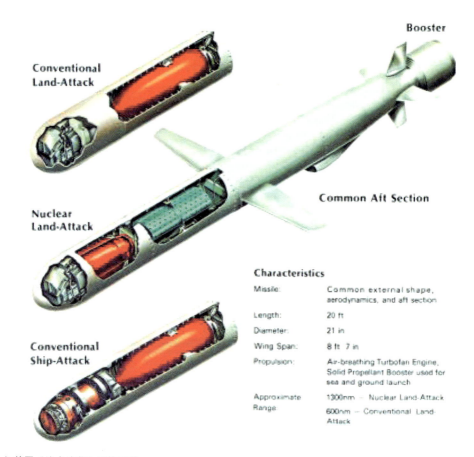

> 美国"战术战斧"巡航导弹

动的架数，极大地增强了航母的打击能力。

　　与"福特"级航母相似，英国的"伊丽莎白女王"级航母常规起动方式，也采用了一站式的保障概念，将弹药升降机布置在右舷舷侧甲板上，从而减小了对着舰的影响，提高了弹药运输效率。英国"伊丽莎白女王"级航母的右舷区域，被两个舰岛分成三部分，由于需要布置主机进气道和烟道上层建筑体积较大，考虑到其甲板面积和航空保障空间小于"福特"级航母，因此同时保障的飞机数量、舰载机调运效率均逊色于"福特"级航母；但与相同吨位的其他国家航母相比，它的航空保障能力和作战能力优势还是十分明显的。

　　通过上述分析，可以充分得知："福特"级航母为提高作战能力尤其是打击能力，针对舰载机主动回收的短版，即航空保障能力特别是弹药的保障能力不足，对飞行甲板进行了重大的改进和创新设计；这些设计比"尼米兹"级航母的设计有了很大的提升，提高了舰载机的航空保障效率及其调运效率，对提高出动架次率非常有利。"福特"级航母作为"尼米兹"级航母的改进型，不仅吸收了后者众多的设计成果，以及近40年来的使用经验，而且大量采用了诸多最新、最先进的技术和颇具创新的设计，大幅增强了作战能力，较好地适应了未来战争的作战模式，充分代表了大型航母的发展方向。

　　实际上，"福特"级航母的飞行甲板在一定程度上保留了很多"尼米兹"级航母的原有设计，虽然在主尺度和总体设计上并没有颠覆性的改变，但是在总结"尼米兹"级使用飞行甲板使用经验的基础上进行了大量的优化设计。例如，四台电磁弹射器的位置基本没有改变，斜角甲板的布置和轮廓也采用了"尼米兹"级航母的设计，舰首两侧武器舷台的布置也与"尼米兹"级航母相差无几；由此可以说明，这些设计都是经过实际检验和实战考验的，也是经过无数次的修改和优化后的合理方案。作为当今世界上拥有数量最多，舰体最大的航母使用国家——美国，其强大先进的航母设计研发能力，使其在飞行甲板设计上及其对舰载机的保障上，都为航母作战能力的提升做出了较大的贡献。

前瞻领先的电磁弹射技术

　　有人说，电磁弹射器是美国新一代航母具有开创性意义的重要系统，也是"福特"级核动力航母上的最大亮点之一；而之前的"尼米兹"级核动力航母所采用的是蒸汽弹射器（C-13-2型）。相比之下，蒸汽弹射器不仅使用麻烦，维护费用高，使用过程中也一直有许多问题让人头疼不已：特别是蒸汽弹射器可调性差，发射阀的控制常常无法实现精确控制，怎样确保蒸汽不严重泄露，所需的战机过载要求比较大；这些问题在电磁弹射器都将不再发生了。

　　电磁弹射器不仅容易操作，更能灵活弹射各种战机，可调性很大，而且在弹射过程中都可以根据反馈信号自动调节，这是蒸汽弹射器无论如何也做不到的。蒸汽弹射器弹射一架战机，除了需要大量的蒸汽储备外，通常还需消耗一吨淡水，而电磁弹射器仅耗电几十度而已。蒸汽弹射器效率十分低，而电磁的效率可达70%以上。正常航母的航母，用蒸汽弹射器弹射一架战机，航母的速度差不多会降低二节，幸好储能近一分钟才能连续弹射，否则航母在速度上受限制；而电磁弹射器，这些因素完全不受影响。

　　实际上，由于电磁弹射器作功冲程比蒸汽弹射器作功冲程长（C-13-2型的作功冲程为89.4米，而实际作功则会低于这一限值），加速度均匀。因此，可以把舰载机速度增加到更高的速度，也同时意味着：采用电磁弹射器的航母可以不必迎风高速航行，就能将舰载机弹射升空，从而使得舰载机起飞更迅速、更快捷，航母作战更加灵活、更高效，不必受限于特定的海域以及一定的气象条件。

　　2014年8月12日，美国航空系统司令部发布一则消息，纽波特纽斯造船厂已经开始在"福特"级首制舰"福特"号甲板上测试海军最新的飞机弹射系统——电磁弹射系统。这套电磁弹射系统包括安装在电磁弹射系统中的关键组建和舰载设施；来自相关部门和竣工合作伙伴——通用原子公司的团队合作完成了软件安装，即该新型系统的大脑部分。在此前一天，相关部门在甲板下面从发射控制模块开始测试，这是众多系统评估中迈向电磁弹射器上舰认证的第一步。

〉英国物理学家法拉第

　　实际上，电磁弹射器是电磁线圈炮的放大版和改进型。1831 年，英国物理学家法拉第率先发现电磁现象之后，一些科学家纷纷进行了电磁线圈炮原理的构想和尝试；不少人甚至开始着手研制电磁线圈炮。1845 年，一位欧洲科学家在理论实验中，多次将一块金属柱抛出了 20 米，引起了许多国家的轰动。1895 年，美国的一项专利发明，正式从理论上验证了能够研制出将炮弹抛射出 230 千米的线圈炮。1900 年，挪威物理学家克里斯坦·勃兰登经过大量研究实验后，获得了三项关于电磁炮的专利；一年后勃兰登又在实验室制造出了一座长 10 米、口径 65 毫米的火炮模型；这个火炮模型可以把 10 千克重的金属块加速到 100 米 / 秒。这项研究成果再次引起了挪威政府和德国政府的高度重视。德国著名的火炮生产厂家克虏伯公司，为勃兰登教授提供了 5 万马克的研究经费。此后不久，勃兰登设计出一门炮管长 27 米、口径 380 毫米的巨炮，并预计可将 2000 千克的炮弹发射到 50 千米远，弹丸的速度可以达到 900 米 / 秒。为了更好地实现这个目的，勃兰登设计了 3800 多个线圈，仅重量就达到 30 吨；不仅如此，使用这门大炮需要 3000 伏、600 千安的直流电源，而当时的技术条件根本不可能提供这样的直流电源，因此，该炮的最后研发工作被放弃。

　　二战之后，世界科学技术取得突飞猛进的发展。1970 年，德国科隆大学的哈布和齐尔曼用单极磁线圈将 1.3 克的金属圆环加速到 490 米 / 秒；这一优异的成果迅速吸引了世界各国军事科学家的眼球，重新勾起人们对电磁线圈炮的兴趣。1976 年，苏联科学家本达列托夫和伊凡诺夫宣布：已将 1.5 克的圆环加速到 4900 米 / 秒，这已达到音速的十多倍。20 世纪 80 年代以来，美国太空总署桑迪亚中心一直在进行电磁线圈炮的概念性研发工作。他们曾尝试修建一门长 700 米、仰角 30 度、口径 500 毫米，并采用 12 级、每级 3000 个电磁线圈的巨炮；可以将两吨重的火箭加速到四五千米每秒，并可推送到 200 千米以上的公空。

各国矢志不渝、持之以恒地研制电磁线圈炮，都为电磁弹射技术的发展奠定了有力、坚实的基础。美国电磁弹射器中的线性同步电动机，采用了单机驱动的方式，即使用一台直线电动机来直接驱动；这一点和目前"尼米兹"级核动力航母上，所采用的双气缸蒸汽弹射器并联输出方式截然不同。

20 世纪 80 年代以来，美国海军即着手开始电磁弹射器的研究。1988 年，美国海军正式开发出一台 3.66 米长的模型，随即展开电磁弹射、制动与回收，以及电磁辐射试验等工作。20 世纪 90 年代末，美国海军对这项研究与试验成果给于充分的肯定，并决定采用该系统。2000 年，美国通用原子公司与诺斯洛普·格鲁曼公司开始了概念研究，后来这个阶段被称为"计划定义与降低风险"阶段研究，在约 50 米长的实验台上对竞标系统进行研究性试验。

美国相关部门对这一核心部件的保密工作非常重视，除了基本原理外，几乎没有任何的模型结构工程图片披露。2003 年，美国海军和通用电气公司签订了一项合同，要求花 7 年的时间，完成这一部件的实体工作。时至今日，美国有关部门在航母电磁弹射器的研制上耗时超过 30 年，经费逾 30 多亿美元；并已决定率先装设在"福特"级第一艘"福特"号航母上正式使用。

从设计技术和工程实践来看，电磁弹射器的研发与安装基本上是按时间进度来完成的。其中，一些技术问题还有待进一步克服解决。例如，在军用系统防火要求方面，永磁体对温度比较敏感，存在着退磁临界温度，一般在

> T45 "苍鹰" 高级教练机进行起飞训练

100 至 200 摄氏度之间。实际上，航母上的火灾事故并不罕见，因此如何保证磁体的磁强度不受火灾的影响，将是一个相当棘手的问题。电磁弹射器功率巨大，其磁场强度也相当大，而当今舰载战斗机上的战斗系统和设备都比较复杂、敏感，容易受到磁场强度的干扰，所以需要特别加强对电磁弹射系统的磁屏蔽防护。由于电磁弹射器的磁体是开槽型的，和蒸汽弹射器的蒸汽泄露一样，会有很强的磁泄露，因而通常设计了十分复杂的磁封闭条，在离飞行甲板15厘米的高度就能将磁场强度降低到正常环境的水准。

2004 年 4 月，美国海军航空系统司令部经过认真仔细的比较，将项目合同授予通用原子公司。通用原子公司作为主承包商，联合其他五家公司与科研机构，共同成立了电磁弹射器承包商小组，正式开始电磁弹射器的研发工作。自此，电磁弹射器项目开始进入"系统研发与演示"阶段，目标是尽快研制出能够符合美国海军要求的电磁弹射器样机。2009 年 4 月，美国海军通过了对电磁弹射器的重量、费用、技术风险等方面的关键设计审查。

2010 年，美国海军研制的电磁弹射器取得了一系列弹射试验成功和

> 美国通用公司

重大突破：6月1～2日，美国海军在莱克赫斯特海军航空兵工程站首次使用电磁弹射器就成功弹射起飞了T-45"苍鹰"教练机；6月9～10日，在同一航空站，美国又成功地弹射起飞了"灰狗"式运输机。当然，是年12月18日的电磁弹射试验意义最大：这天美国海军在该航空站成功地弹射起飞了F/A-18"大黄蜂"战斗/攻击机。此后，美国海军乘胜发展。其后不久，电磁弹射器在测试轨道上进行全尺寸系统的陆上试验测试。

2011年9月27日，莱克赫斯特海军航空站使用电磁弹射器又成功地弹射E-2D空中预警机；11月18日，再次弹射成功F-35C"闪电"Ⅱ型战斗机。至此，美国海军未来航母——"福特"号上可能搭载的主要飞机机种基本上都试飞成功，这从一定程度上证明电磁弹射器起飞弹射试验的成功。在这之后一年半的时间里，美国海军又针对试验中的许多缺点和问题，进行了全面的改进。2013年5月8日，第一套电磁弹射器正式安装于仍在建造中的"福特"号核动力航母上，并进行着复杂的调试之中。

自2010年6月以来，美国海军为了更好地验证电磁弹射器的控制系统，先后进行了多次试验：同年6月1日，在海军航空系统司令部新泽西州赫斯特湖航空站，美海军成功完成了T-45"苍鹰"教练机的首次电磁弹射器弹射起飞试验；6 月 1 日和 2 日，共进行了 12 次弹射起飞试验；6 月 9 至 10 日，美海军又在同一航空站再次成功弹射了"灰狗"式运输机；9 月 27 日，美国海军在赫斯特湖航空站又一次成功地弹射 E-2"鹰眼"空中预警机；11 月 18 日，美海军再次成功地弹射 F-35C Ⅱ型战斗机。12 月 18 日，美国海军在该航空兵工程站成功弹射了 F/A-18"大黄蜂"战斗 / 攻击机。2013 年 5 月 8 日，经过大量试验的美国海军第一套电磁弹射器正式安装在建造中的"福特"号核动力航母上。

从 2012 年开始，美国海军对相关的电磁干扰和兼容性问题进行了大量、专门的适应性训练；根据大量充分的试验，美国海军要求电磁弹射器必须达到以下的指标：起飞速度为 20 至 103 米 / 秒；最大牵引力和平均牵引力之比为 1.07，最大弹射能量为 122 兆焦；最短起飞的循环时间为 45 秒，最大弹射重量 225 吨；补充能源需求为 6350 千瓦。

由美国通用原子公司负责研发的电磁弹射器，是一套完整的舰载弹射系统；主要用来提高美国海军未来舰载机的弹射能力。它的主要服务对象是现役和计划中的舰载机，例如 F-35C 和 X-47B 等。

电磁弹射器主要是由储能系统、电力电子变换系统、弹射直线电机和控制系统等四部分组成；其中，弹射直线电机是核心，通过控制输往弹射直线电机的电流大小，可产生不同的推力，将舰载机在短距离内加速到

> 美国 MQ-25"黄貂鱼"舰载无人加油机

起飞速度。弹射直线电机安装在飞行甲板下方，利用电力电子变换系统馈电，生产行波磁场；运动部件在电磁力的作用下，带动往复车和舰载机沿弹射冲程加速。

　　电磁弹射器的主要部件为一台直线电动机。这台直线电动机利用强大的电容，通过线圈产生的磁场来推动滑块高速前进。实际上，直流电动机的原理并不复杂，把一台旋转运动的感应电动机沿着半径的方向剖开，并且展平，就成了一台直线感应电动机。在直线电动机中，相当于旋转电极

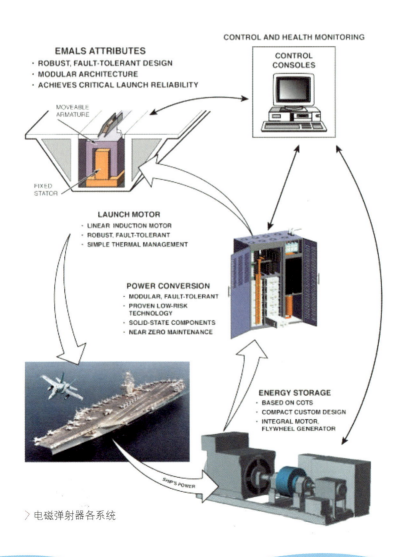

〉电磁弹射器各系统

定子的叫初级；相当于旋转电极转子的叫
次级。初级中通上交流电，次级就在电
磁力的作用下，沿着初级做直线运动。
这时，初级要做得很长，延伸到运动
所需要达到的位置；而次级则不需要
那么长。其实，直线电动机既可以把
初级做得很长，也可以把次级做得很长；
既可以是初级固定、次级移动，也可以是
次级固定，初级移动。

> 波音公司创办人波音

　　然而，电磁弹射器绝不是仅靠直线
电动机来工作的，它同时还需要有强迫储能装置、大功率电力控制设备、
中央微机工控控制及直线感应电机等共同来完成。由于电磁弹射器对电力
需求很大，在弹射较重的舰载机时，整个电磁弹射器的峰值功率将会达到

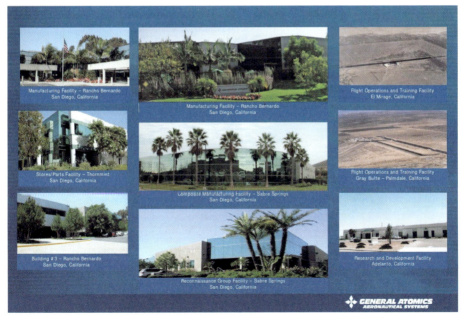

> 美国通用原子公司

100兆焦甚至更高，"福特"级航母电力系统的发电能力，很难对连续出动的舰载机实施持续不断、强有力的电力支撑与保障。由此可见，强迫储能装置是电磁弹射器的核心装备，它不仅可缓解发电机的压力，而且平时能够吸收发电机的能量，事先储存到储能系统里，在电磁弹射器需要弹射舰载机时，再将能量瞬间释放出来。强迫储能装置的原理并不复杂，但实施起来却很麻烦。

早期，美国海军所使用的强迫储能装置，是用一台交流发电机给一台交流电动机供电。这实现起来虽然比较容易做到，但这个电动机的转子要能同时拖动直流发电机和一个惯性特别大的自由转子（约上百吨）一起旋转，也确非易事。众所周知，这么重的自由转子如果启动起来是有一定的难度的；而这么重的自由转子运行到高速时具有非常大的动能。在电磁弹射器工作时，发电机看来接近短路的电流，会产生强大的制动力阻止发电机继续运行，电动机将无能力拖动。但此时由自由转子强大的储能强制拖动直流发动机运行，从而完成冲击性负荷过程。自由转子会因此使速度降低，当启动结束后电动机会在发电机没有负荷的情况下，把自由转子拖动到一定的速度从而完成储能。电磁弹射器自带有能量存储系统，能在几秒中内释放出惊人的电能。这些能量来源是核反应堆；发电机组带动一个磁浮轴承悬吊的飞轮能量储电装备。每一个发电机组透过飞轮的磁力减速效

> 美国波音公司

> 波音公司办公大楼设计图

应，能在极短时间内产生超过 100 兆焦耳的能量。这套系统每 45 秒能够完成一次充电，也即舰载机起飞的最短时间间隔为 45 秒，比传统的蒸汽弹射器弹射要快得多。不过，这里所说的电动机，既不是鼠笼式电动机，也不是绕线式电动机，而是感应线圈电动机。

一般来说，当今载重量最大的舰载机起飞时，所需要消耗的能量不会超过 120 兆焦，而强迫储能系统最大储能量可达 140 兆焦。此时，充电功率为 3.1 兆瓦（1 兆瓦等于 1000 千瓦），如果算上损失，充电功率为 4 兆瓦左右。4 部电磁弹射系统，其充电总功率可达 16 兆瓦，可见如果没有强大的电源，是无法满足电磁弹射舰载机需求的。实际上，"福特"号航母上的产生的电力大部分绝不仅是用于 4 部电磁弹射器，而且包括先进的电磁拦阻装置、电磁轨道炮、激光武器、粒子束武器以及多台升降机等。上述所有装备系统和武器系统的用电量加起来，必须要求"福特"级航母产生的总功率要达到 60 兆瓦以上，否则电磁弹射器充电时，就会影响到其他系统和武器的用电或使用。

　　电磁弹射器内的电力电子变换系统，从储能装置处获得电能，并将电能转换成频率和电压逐渐升高的交流电，随后提供给弹射直线电机。电磁弹射器的导轨共有四个：上部两个，下部两个；且每根导轨都非常长（约200米以上），安装在起飞甲板的下面；且每根导轨内部均有超导体与其熔接，中间是高压冷却油。这种高压冷却油在进入导轨前的温度，低于−40℃，而从导轨出口的温度低于−30℃。不仅如此，导轨与飞机牵引杆的接触面，到导轨中心还有很多特细的小孔；所以冷却油不仅是为超导体降温，还有润滑的作用，而且会使飞机牵引杆在运动时降温。

　　飞机牵引杆是位于飞机前轮下方，并和飞机前轮连为一体的装置，可收缩放置在飞机的腹腔内；其中间为超导体，但无油冷却通道，而且与导轨连接处面较大，均为软接触。起飞前，飞机牵引杆伸出到上下导轨之间，飞机发动机启动并开始运行，约一秒钟后弹射器充电，强大的电流经飞机导引杆后，再流回另一对导轨，并形成回路。此时，牵引杆在强大电磁力的作用下，被推动运行到高速（虽然并没有达到起飞速度，但已相差不大）后电流被强制截止；牵引杆虽不再受力，但飞机却在发动机的推力作用下，加速达到起飞速度。在未达到起飞速度时就采取断电措施，主要是因为飞机牵引杆与飞机连成一体，如果此时继续充电的话，这样飞机起飞时就将把

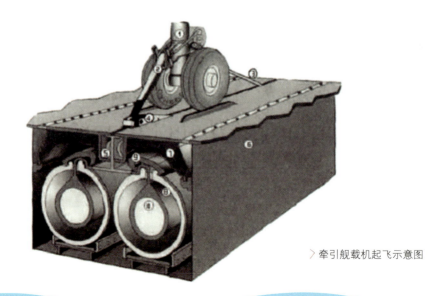

▷牵引舰载机起飞示意图

飞机牵引杆拉出；它在断电时会产生强大的电弧灼伤牵引杆。

　　事实上，电磁弹射器还装有一套独立的控制系统：主要利用霍尔效应，来检测系统的运作，调制不同位置的速度，并精确地控制舰载机的弹射速度。由于弹射系统的控制系统能让舰载机的加速度更加稳定；同时能针对不同的舰载机释放出不同的弹射力，进行精确的控制；因此，控制系统不仅能在弹射冲程内将舰载机加速到起飞速度，而且对航母甲板所造成的损伤也更小，使用的可靠性也更高。

　　相较于传统的蒸汽弹射器，电磁弹射器的优点的确很多：第一，加速均匀且力量大小可控。众所周知，美国现役"尼米兹"级核动力航母上的 C-13-1 型蒸汽弹射器，实施弹射时的最大过载可以达到 6 个 G，而整个行程的平均加速度仅有 2 个 G 多一点。美国 F/A-18 战斗 / 攻击机的飞行员常常调侃 C-13-1 型蒸汽弹射器，称其在加速滑跑的后段往往没有飞机自身的发动机加速度快。

　　随着舰载机速度和气缸容积的增加，过热蒸汽膨胀所产生的大多数能量，主要用于蒸汽本身的加速和推动上，因而体积增加后，气体冲撞所需蒸汽的比例呈立方关系增加。蒸汽弹射器的长度和气缸容积几乎达到了极限；到弹射冲程的末端，蒸汽基本上只能加速活塞，而在此状况下对飞机的帮助几乎微乎其微。然而，电磁弹射器的推力启动段却没有蒸汽那样突发爆炸性的冲击，峰值过载从 6G 可以降到 3G；这样一来不仅对飞机结构和寿命有着巨大的好处，而且对飞行员的身体承受能力也是一个有益的改善。此外，由于电磁弹射的加速和电磁弹射器的长度并没有直接的关系；它除了受到气动阻力和摩擦阻力的影响外，电磁弹射初段到末段的基本加速度不会出现太大的波动，因此，电磁弹射比蒸汽弹射的逐步下降要更有效率。

　　大量的试验和计算表明，如果平均加速度一样时，电磁弹射器可以比蒸汽弹射器让舰载机载重量增加 8%～15%。蒸汽弹射器的加速度峰平比变化范围很大，典型蒸汽弹射装置的加速度峰平比为 1.15～1.2，在某些情况下实际值在 2.0 以上。由于缺少像电磁弹射系统的反馈和闭环控制系统，美国"尼米兹"级航母蒸汽弹射器在相同的设定条件下，两次不同弹射末速度变异范围达到 2.57 ～ 3.6 米 / 秒。为了克服这种变化要求，蒸汽弹射器通常以高于实际需要的弹射能级运行。电磁弹射器的任何一次弹射，其加速度峰平比基本恒定地保持低于或等于 1.05；而其末速度变化范围则限制在 0-1.5 每秒，因此，电磁弹射器运行得更为平稳。

第二，电磁弹射器具有很大的能量输出调节范围。蒸汽弹射器的功率输出主要依靠一个叫输力阀的部件，它利用控制蒸汽流量的方式，来控制蒸汽弹射器的输出功率，其可调节性能输出比，达到 1 比 6，几乎就是极限。而电磁弹射器的输出功率则是由电路系统控制的，从大功率民用变电系统的经验可以得知，在 1 比 100 以内的变化是非常容易的。

目前及未来海空作战行动，美国海军将会大量地使用轻重不一、大小各异的众多舰载无人机，蒸汽弹射器很难适应这种无人机起飞的要求。美

> F/A-18E/F "超级大黄蜂"战斗机

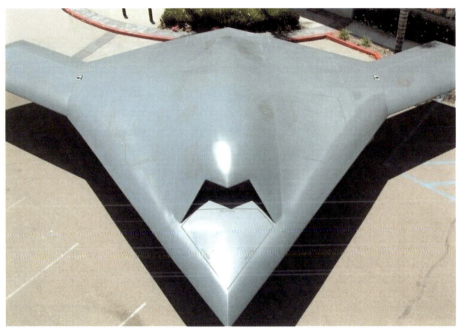

> 俯瞰 X-47B 无人机

国现役"尼米兹"级航母上搭载的 F/A-18E/F "超级大黄蜂"战斗/攻击机的最大起飞重量约为 30 吨,但 X-47B 无人侦察/攻击机的最大起飞重量仅为 20 吨左右。此外,还有许多比有人驾驶舰载战斗机重量更要轻得多的无人机,今后也将陆续登上航空母舰,形成舰载有人机和舰载无人机"齐驾并驱"的局面,共同成为未来海空作战的主力。可以说,正是考虑到航母弹射器弹射无人作战飞机的需要,因此必须设定并采用较小的弹射力,否则过大的弹射力将会对无人机体结构产生较大的冲击力,甚至可能损坏无人机。所以,今后的新型航母的弹射系统必须具备较宽的能量范围,也就是采用电磁弹射器将是一种理想的选择。

第三,电磁弹射器能与滑跃式飞行甲板进行巧妙的融合,而蒸汽弹射器却没有电磁弹射器如此这般的灵活;后者不能够弯曲,因而蒸汽弹射方式也就无法与滑跃起飞方式相结合,而电磁弹射器与滑跃式起飞结合后,却能大幅度增加舰载机的载重量,即载弹量和载油量能够得以明显提高,从而确保作战效能明显提升。

对航母的设计和操作人员来说，电磁弹射器是一个极好的选择，它不仅可将机库甲板的占地面积缩减为原来的三分之一，而且还可将重量减轻一半，使高过重心位置的重量大量减轻，这对航母的稳定设计是个很有利的举措。还有一点看似繁琐其实非常重要，既不用再为复杂的蒸汽管道迷宫所困扰，也不用再为灼热的蒸汽发生泄露和四处污溅，以及难以清洁的润滑油到处存在而发愁。其实，美国海军还在设计之初，就十分强调电磁弹射系统技术的经济可承受性，同时也要求应比现有蒸汽弹射系统的全寿命周期费用低。蒸汽弹射装置属于机械式装备，因而所需要的人力颇多；而电磁弹射系统采用自动监视系统，不仅人员大量减少，而且可让操作人员持续、准确地了解系统的状态，并向维修人员提供需要维修的零部件信息，从而大幅度减少了维修的工作量和对维修人员的技术需求，显著降低了系统的全寿命周期的维护费用。

第四，相对于蒸汽弹射装置来说，电磁弹射系统重量更轻。例如，根据最初设计方案，电磁弹射器仅重 530 吨，尽管目前主承包商——美国通用原子公司制造出的电磁弹射系统超重了 100 吨，但仍比现役"尼米兹"级航母的蒸汽弹射装置要轻 70 吨左右。而且，电磁弹射系统的结构相对简单，电力系统布置采用区域配电方式，大大减少了舰上占用空间，可以更为灵活地布置或分配航母舱室；加之所占用的空间小，运作时所需的人力也更少，可靠性也就更高。一台传统的蒸汽弹射器，弹射一架飞机大约需要消耗 614 千克的蒸汽，而且要在航母飞行甲板下安装庞大的机械气动和液压系统。比较而言，电磁弹射器不需要消耗蒸汽，主要使用来自航母核反应所产生的电能，且在航母上的安装也更为简易。由于电磁弹射器针对并精确地控制重型战斗机、战斗／攻击机和小型无人机，以调节不同的加速度，来实现并适应不同的起飞速度要求。为此，美国海军为电磁弹射器确定了比较宽泛的弹射速度范围，大约为 28 米～103 米／秒。

第五，电磁弹射系统的可靠性好，纠错力强。经过民用电力工业使用证明：电磁弹射系统的电器和电子部件的寿命在数万小时，具有很好的可靠性。统计数据表明：蒸汽弹射装置两次重大事故间的平均周期是405周，而电磁弹射系统的两次重大故障间的平均周期则达1300周，后者是前者的三倍以上。目前，蒸汽弹射器主要依靠密封泵和大量有机械磨损的设备，机械磨损相对严重，需要经常检修与维护，由于系统构成的复杂性也明显地降低了系统的可靠性；而电磁弹射系统则依靠电磁场的非物理接触传力特性，取消了许多高磨损性的机械设备。在舰载机的弹射过程中，电磁弹射系统的闭环控制系统，能够自主地感知和及时修正错误，具有快速纠错的能力，可靠性很高，安全性也得以保证。此外，蒸汽弹射装置完成一个完整的弹射周期作业，需要依靠液压泵、电动机、缆索、水闸、缓压器等分系统协同工作；由于部件多、重量大，从而使得全系统的可靠性出现明显的降低。而电磁弹射器系统只用支线感应电动机完成弹射、制动和往复车复位等操作，因此消除了为完成弹射任务而需要配备的其他分系统，具有较高的可靠性。

第六，电磁弹射器还顺带克服了蒸汽弹射器的许多"痼疾"。"福特"级航母与"尼米兹"级航母一样，甲板上都装设有4部弹射器。但是，很多人并不知道，"尼米兹"级航母上的第4号弹射器，根本无法弹射满载起飞的舰载战斗机，因为在此处飞机的机翼已经接近甲板的边缘。而"福特"级却对这块甲板进行了改进，使得第4号弹射器也能弹射满载起飞的舰载机。

不过，"福特"级最大的改进还是采用了全新的电磁弹射器。"尼米兹"级航母由于输出功率有限，舰上弹射器只能弹射30吨以下的舰载机，而无法满足更大吨位的舰载机弹射起飞的需要。此外，蒸汽弹射器体积和重量也较大，还需要消耗大量的淡水，这对海上长时间持续作战是相当不利的。蒸汽弹射器在消耗大量的水的同时，还要消耗大量蒸汽，"尼米兹"级航母在弹射数架满油满弹起飞的舰载战斗机后，航速便会出现较大的下降，从而又限制了下一个攻击波可出动的飞机数量。电磁弹射器则圆满地解决了这些问题。

＞ 电磁弹射器试验

　　具体来看，电磁弹射器的总长约 103 米，其中线性电动机长度为
95.36 米，在其末端有一段长约 7.6 米的减速缓冲区。电磁弹射器中心的
动子滑动组，由 190 块环形第三代超级稀土钕铁硼构成；每一块永磁体间
有细密的钛合金制造的承力骨架和散热器管路，它的中心布置有强力散热
器。虽然电磁弹射器在工作时，其内滑动组本身只有电感涡流和磁涡流效
益而产生不多的热量，但其位置处于内部中心，散热条件不良，且永磁体
对温度较为敏感，超过一定温度就会失效。滑动组和定子线圈之间均匀保
持 6.35 毫米的间隙，相互间不发生摩擦；依靠滑车和滑车轨道之间的滑
轮，保持这个间隙不变。滑动组由于结构比较简单，且无摩擦设备，需要
检修和维修的工作量较小；滑动组采用了固定的高磁永磁体，所以定子被
设计成电池，形状为马蹄形，左右将滑动组包围，上部有和标准蒸汽弹射
器相同大小的 35.6 毫米开缝。定子则采用模块化的设计，共有 298 个模
块，分为左右两组，每个模块由宽 640 毫米、高 686 毫米、厚 76 毫米的
片状子模块构成。每一个子模块上有 24 个槽，每个槽用三相六线圈重叠

绕制而成；这样每一个模块就有 8 个极，磁极间距为 80 毫米。每个槽都用环氧树脂浇铸制成，槽间充填高绝缘 G10 材料，将其粘连成一个整体模块。在滑车接近时模块被充电，离开后断开，这样不需要对整个路径上的线圈充电，可以大大节省能源，使每一个模块的阻抗很小（只有 0.67 毫欧）；它的设计效率为 70%，一次弹射中消耗在定子中的能量有 13.3 兆瓦，同线圈的温度会被迅速加热到 118.2 度。加之，受环境温度的影响，上述温度还可能会增加到 155 摄氏度。这个温度将超过滑车永磁体的退磁温度，因此需要强制冷却。目前，制定的冷却方案是定子模块间采用铝制冷却板，板上有细小的不锈钢冷却管；可以在弹射器循环弹射的 45 秒重复时间内，将线圈温度从 150 摄氏度，迅速降到 75 摄氏度。线性电动机的末端是反相段，通过电流反相就能让滑动组减速并停下来，并自动恢复到起始位置。

从电磁线圈炮的发展历史不难看出，阻碍电磁弹射器实用化进程的并不是线性电机本身，而是缺乏强大而稳定的瞬发能源。美国航母上因采用电磁轨道炮、激光武器等而发展的惯性储能装置，继而研发出盘式交流发电机。新研发的盘式交流发电机重约 8.7 吨，如果不算附加的安全壳体设备，其重量只有 6.9 吨。盘式交流发电机的转子绕水平轴旋转重约 5177千克，使用镍、铬、铁等铸件，并经热处理而成。使用镍、铬、钛合金做成的箍具有很大的弹性预应力，可确保固定高速旋转中的磁体。转子的旋转速度为 6400 转／分。一个转子可存储 121 兆焦的能量，储能密度比蒸汽弹射器的储能罐高出一倍多。一部电磁弹射器由四台盘式交流发电机供电，安装时一般采用成对布置；转子反相旋转，可减少高速旋转飞轮所引发和产生的陀螺效益和单项扭矩。

电磁弹射器每弹射一次舰载机，仅使用每台发电机所储备能量的 22.5%，即不到其总储量的 1/4；飞轮转盘的转动速度也从 6400 转，急速下降到 5200 转；不过，每次所产生的能量消耗可以在弹射循环的 45 秒间隙中，从主动力输出功率中得到补充。储能发电机的结构系统允许弹射

器，在其中一台发电机不工作的情况下依然能正常使用。从目前"福特"号航母装备的 4 部弹射器来看，其中每两部弹射器的动力组会被安装到一起，集中管理，并允许其动力交联；由此一来，出现 6 台以上发动机故障而影响弹射的事故，每三百年才会重复一次。

盘式交流发电机采用双定子设计，分别安置在盘的两侧；每一个定子由 280 个线圈绕组的放射性槽构成，槽间是支持结构和液体冷却板。采用双定子结构，每台发电机的输出电源的最大输出电压 1700 伏特，峰值电流高达 6400 安培，输出的匹配载荷为 8.16 万千瓦，输出为 2133 至 1735 赫兹的变频交流电。盘式储能交流发电机的设计效率为 89.3%，这已经通过缩比模型得到了验证；即每一次弹射将会有 120 千瓦的能量，以热量的形式消耗掉。发电机定子线圈的电阻仅有 8.6 毫；这么大的功率会迅速将定子线圈加温数百度，所以设计了定子强制冷却板。冷却板布置在定子的外侧，铸铝板上安装有不锈钢管，内部充有 WEG 混合液，采用流量为 151 升 / 分泵强制散热。根据 1/2 模型测试可知，上述设计可以保证 45 秒循环内温度稳定在 84℃，冷却板表面温度为 61℃。

电磁弹射器技术难度最大的部件是高功率循环变频器，这项技术是电磁弹射器真正的技术瓶颈。从设计技术上看，循环变频器是通过串联或并联多路桥式电路来获得叠加，以及控制功率输出的；它不使用开关和串联电容器，省略了电流分享电抗器，实现了完全数字化管理的无电弧能源变频管理输出。它的每一相输出能力为 0 至 1520 伏，峰值电流 6400 安培，可变化频率为 0 至 4.644 赫兹。循环变频器的设计非常复杂，它不仅需要将四台交流发电机的 24 相输入电能，以正确的相位输入到正确的模块端口，还必须准确地管理 298 个直线电机的电磁模块；并在滑块组运行到到来之前 0.35 秒内，让电磁体充电，而在滑块组运行过后 0.2 秒之内停止送电，并将电能输送到下一个模块。循环变频器工作时间虽然不长，每次弹射仅需工作 10 至 15 秒，但热耗能非常大，一组循环变频器需要 528 千瓦的冷却功率；冷却剂是去离子水，流量高达 1363 升 / 分，注入温度 35℃

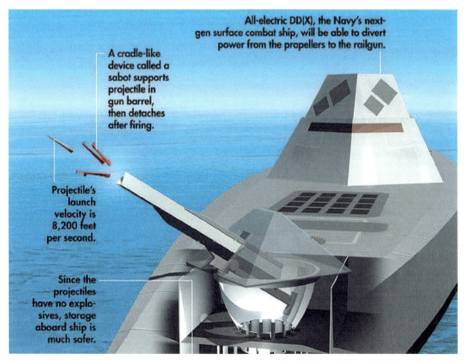

> 水面战舰安装电磁轨道炮立体示意图

〉美国劳伦斯利弗莫尔国家实验室

的情况下，可确保系统温度低于 84℃。

电磁弹射器的"心脏"，是 100 多米长的直线感应电动机；它推动与舰载机相连接的电枢，而电枢上是一个 U 型的铝块装在定子的三个侧面；强迫储能装置是电磁弹射器的一个重要组成部分，在当今军事领域一直是高度机密的。强迫储能装置平时储能，作战时能把大功率的能量在短时间内释放出来，电磁弹射器工作时间虽然不长，但在做功时段是个加速度做功的过程，因此不能把它当成恒功率设备来加以考虑。

时至今日，电磁弹射器最主要的问题之一就是不能像蒸汽那样进行大容量贮存；电磁弹射器主要是采用电磁能量来推动被弹射的物体向前运动，从某种意义上说它也看成是电磁轨道炮的一种形式。相比蒸汽弹射器来说，电磁弹射器不需要蒸汽来驱动活塞，而是使用电力来驱动活塞；在电磁弹射器中，通常电磁弹射器主要应用范围是大载荷的短程加速过程，从航母上弹射起飞舰载机就是一个比较典型的例子。电磁弹射虽然起步较晚，但由于其潜在的应用前景和众多突出的特点，为一些技术强劲和经济实力强大的国家海军所青睐。据最初的研究和有关专家的分析，电磁弹射器的重

> 航母新概念武器：电磁轨道炮

量只有现役蒸汽弹射器的十分之一，而且省去了许多管道；这对于舰船的减轻重量、航速提升，以及维修保养和安全运行，都具有极其重要的意义。

与众不同的新型拦阻技术

目前，美海军"尼米兹"级航母基本上都采用的是液压缓冲式阻拦索装置，但由于航母飞行甲板上的降落滑跑距离较短，要在数秒钟内将舰载机强制拦阻至停止状态，将不可避免地会对舰载机造成较大过载的压制和猛烈的冲击，从而使舰载机机体产生不同程度的损坏。根据美海军航空系统司令部公布的数据，阻拦着舰系统对舰载机机构所造成的冲击是普通陆基飞机的 6 倍左右；于是，美海军开始抓紧研制新型的拦阻装置装备"福特"级航母。

"福特"号航母计划装设并使用新型电磁拦阻装置（AAG）。新型涡轮电力拦阻装置，主要由数字控制装置、拦阻机系统、拦阻索和滑轮等组成。这套装置不仅能回收挂弹战机，而且可以根据飞机的重量，调节拦阻能量，有效提高舰载机挂索受力构件，以及拦阻机件的寿命，还能使舰载机在着舰过程中更平稳，而且驾驶员和舰载机所受到的过载伤害也较少。更重要的是，用电磁弹射器可阻拦不同种类、不同重量的舰载机，而且转换起来十分方便。总之，与现役"尼米兹"级航母上的MK-7液压拦阻装置相比，新型电磁拦阻装置制动力过载情况是前者根本无法相提并论的。

从2001年起，美国海军开始了先进拦阻装置的概念与技术开发研究。2003年初，美国海军正式与通用原子公司等两家公司签订了概念与技术开发阶段的合同，着手实施相关概念与技术开发。从2003年7月到2004年11月，则主要进行高仿真的模型与模拟、研究与航母的集成问题、完成系统的需求评估，以及初步设计评审。2005年4月，美国海军航空系统司令部决定选择通用原子公司电磁系统分部作为主承包商，设计、研制、制造、安装和演示一套生产型先进的拦阻装置，并用来进行系统研制试验。

2009年10月，通用原子公司完成了第一阶段可靠性试验：这一阶段试验主要是对系统硬件和控制软件进行验证，其目的是为了降低未来进行静载荷评估试验的风险；该阶段先后进行了5400多次着舰阻拦试验，获取了整个系统的可靠性增长数据，并验证了实时控制软件的功能。从2010年春天起，在莱克赫斯特海军航空站的喷气式质量车轨道上，美国海军又进行了大量的静载荷评估试验，并于2010年底在跑道阻拦着陆场进行后续的研制试验、技术鉴定和作战鉴定。2011年，第二阶段展开了长期可靠性试验，该阶段一共在通用原子公司图帕洛试验场进行了超过10万次的循环试验。此后不久，通用原子公司一度在系统需求方面遇到了难题，造成了进度拖延。

作为新型舰载机拦阻系统，先进阻拦装置没有采用传统的液压系统，而是采用一种涡轮电力系统，不仅阻拦效率更高、适用机型更多，而且减少了人力需求，具有更高的冗余度。首先，先进阻拦装置在阻拦飞机的动态过程中，能够主动采取措施，降低阻拦索的张力峰值，精确控制飞机尾钩负载及飞机停留在甲板上的位置。其次，这种新型拦阻装

> 粒子束武器

置能对舰载机着舰的阻力进行精确调解，遂行任务的灵活性更大，可安全有效地回收现役和今后服役的各型舰载机，包括重型/高速飞机，以及轻型无人机等。再次，与现有的"尼米兹"级航母阻拦索相比，提高整体结构的安全性，减少全寿期的运行维修保养成本。

先进阻拦装置的工作原理是：当舰载机接触甲板后，先进阻拦装置的阻拦索冲击缓冲器首先工作，减弱飞机着舰之初的冲击力，降低对舰载机尾钩的瞬时拉力；随后阻拦机的水轮机、摩擦制动装置和感应电动机开始工作，完成阻拦和制动。由于设计时有较高的冗余度，即使上述三个部件中的任何一个发生故障，系统也能够将着舰飞机的速度降为零。

该先进阻拦装置基本组成包括：4 台阻拦机、基本操作控制系统、操作员工作站等；具体而言，先进阻拦装置有阻拦索、能量回收、动力控制、驱动导缆器、动力调解、主动力、工作站管理、热能管理、减震等子系统；其中，能量回收子系统包括电动机、机械制动器、滑轮锁、水轮机；工作站管理子系统包括航空指挥显示系统、拦阻装置、控制人员、控制工作站、回收操作人员控制站、管理控制服务器等。

美国海军开发先进阻拦装置还有一个很重要的原因是，为了大幅减少操作人员，节约全寿期费用。目前，最终确定的先进阻拦装置，仅需要 4 名操作人员来完成回收作业；其中，包括 1 名主回收作业操作员、1 名阻

拦装置军官、1 名阻拦装置监控员以及 1 名阻拦装置收放操作员。下一步，随着系统的升级，这名阻拦装置收放操作员将被取消。此外，在先进阻拦装置内还装有内置式状态监控系统、性能监控系统、测试设备检验系统，以及故障判断与排除辅助设备等。在阻拦装置工作站，以及保养控制部门均设有状态监控、故障判断与排除显控台，能够及时发现并解决问题，实现了较高程度上的自动监控及自动故障判断与排除。与此同时，装置内还设有相关程序，能跟踪甲板阻拦索的磨损情况（一般完成 100 次舰载机阻拦作业后，就必须更换甲板阻拦索），以及其他寿命有限系统组件的状态。设计和试验结果表明，先进阻拦装置系统共减少舰员 41 人，运行费用也比"尼米兹"航母上的 MK-7 阻拦装置降低了 26%。

由于先进阻拦装置的系统设计冗余度较高，因此运行起来可靠性更高。美国海军对先进阻拦装置系统性能要求是：整个系统平均故障间隔必须大于 16500 个作业周期，目标间隔必须大于 29500 个作业周期；由于阻拦索采用"3+1"的配置，所以对于单个装置而言，极限平均故障间隔

> 粒子束武器

必须大于 1400 个作业周期，目标间隔必须大于 1800 个作业周期。

事实上，新型先进阻拦装置与美国海军现役"尼米兹"级航母装备的 MK-7 型拦阻装置，在结构上十分类似，而且两者在飞行甲板以上的装置几乎完全相同，因此能够使用目前 MK-7 阻拦装置使用的滑轮阻尼器、导缆器、甲板滑轮系统，以及甲板阻拦索等。两者最主要的区别在于，系统动力装置存在着差异：前者使用的是涡轮电力系统，而后者使用的是液压驱动系统；先进阻拦装置的涡轮电力系统是在陆基拦阻装置应用的水涡轮系统基础上，加装了更轻型的钢索系统，以及电磁电动机。

在舰载机阻拦着舰过程中，电动机能够通过主动调解来有效削减先进拦阻装置钢索的张力峰值，精确控制飞机尾钩负载及飞机停留在甲板上的位置，使舰载机能够更为平稳地完成着舰作业。当舰载机着舰并用尾钩勾住拦阻索后，舰载机就会拉动拦阻索前进；此时，拦阻索、滑轮索的移动，将带动电动机转动，在电力调解系统的调解下，电动机调动水轮机转动，从而对着舰的舰载机产生阻力。当舰载机在飞行甲板上停留下来，并摘取尾钩后；电动机再反向转动，将拦阻索恢复至拦阻之前的状态。

试验证明，先进阻拦装置可与 MK-7 型的滑轮缓冲器、导缆器、甲板滑轮、滑轮索、拦阻索、机构组件间也存在有接口，因而便于将来需要的话，也能在"尼米兹"级航母换装这种先进拦阻装置。

面目全新的核动力技术

"福特"级航母上的有一项极其重要改进，就是使用全新的 A1B 型反应堆。该反应堆将提供比"尼米兹"级反应堆高 25% 的能量，而电力则是"尼米兹"级反应堆电力的 3 倍，充分满足 CVN21 级航母电磁弹射器以及未来高能武器上舰的需求。不仅如此，该动力装置还大幅减少了舰上人员数量（其中反应堆部门的人员，只有"尼米兹"级航母反应堆人员的一半），降低了全寿期费用，且使用寿命更长。

"福特"号航母是在"尼米兹"级航母 A4W 核动力装置的基础上，重新研制的新型大功率一体化核反应堆 A5W 压水堆。1961 年美国建造推出世界上第一艘核动力航母"企业"号，它的核动力装置的生产厂家就是西屋电气公司；"企业"号核动力航母的反应堆型号为 A2W；此后的"尼米兹"级核动力航母反应堆型号为 A4W/A1G；其中，"A"代表航母，"W"代表西屋电气公司，"G"则代表通用电气公司。

20 世纪 90 年代，美国海军最初提出"福特"号航母的下一代核反应堆时，反应堆的型号原先定为 A5W，到后来改为 A1B；之所以改为 A1B 型反应堆，是因为用"B"代表该型反应堆的主承包商"贝切特公司"；也即承担研制新型反应堆的主要实验室是贝蒂原子能实验室。该实验室属于国家所有，但由企业负责运营；其运营商在 1999 年之前是西屋电气公司；到 1999 年改为贝切特公司。

"福特"号航母上的 A1B 型反应堆在其 50 年的服役期内，新型的压水堆不必像第一代"企业"号核动力航母那样，要更换四五次堆芯；也就是说，此压水堆不仅延长了动力装置的使用寿命，而且造价也大幅降低。该航母上的全电力化动力装置主要包括先进、安全、长寿命的高功率密度核反应堆，以及高功率密度、安全的电力变换和调节系统，主要应用于电力驱动、电磁弹射和拦阻装置、电磁动力装甲、定向能和超高速的武器发射等。这种动力装置的使用，将对于新一代航母产生革命性变化。

第4章
福特号航母舰载机

性能卓越的 F-35C 战斗 / 攻击机

　　2014 年 11 月 3 日，一架 F-35C——美国海军新一代舰载战斗机完成了首次航母着舰测试，成功地降落于锚泊在圣迭戈外海的"尼米兹"号航母上。这次降落是 F-35C 战斗机进行的海上试飞的一部分；按照计划，美国海军两架 F-35C "闪电 II" 联合战斗机从 11 月 3 日开始，分别陆续在"尼米兹"号航母上进行全面的测试。整个海上试飞持续大约两周时间，到 11 月 17 号结束。此后，试验小组将根据 F-35C 战斗机两周的试飞结果，进行全面、有效的分析与研究，以获得飞行试验期间的数据，并深入评估 F-35C 在舰载环境下的作业情况，同时建议海军作出相应的调整和改进；最终为 F-35C 舰载机于 2017 年前后的上舰部署，做好充分的准备。

由洛克希德公司设计的 F-35C "闪电Ⅱ" 固定翼舰载机，是美国新一代航母舰载机的主力。不过，由于该公司过去从来没有设计过舰载机，因此该舰载机最初的设计方案特别是着舰方案存在着 "较为严重" 的问题：例如，主起落架到尾钩接地点的距离，与典型的舰载机相比明显太短，只有 2.2 米；这使得舰载机在着舰时阻拦索在被起落架压到地上后来不及弹回，无法被着舰尾钩及时勾住，从而对舰载机的正常着舰产生严重影响。从 2011 年开始，F-35C 战斗机曾先后进行了 8 次拦阻试验，结果一次都没有成功。因为该机在过去好几年中一直被着舰尾钩的技术问题所困扰，美国海军十分担心且极为重视，要求洛克希德公司尽快予以改进；在洛克希德公司修改了阻拦系统设计之后，又遇上了尾钩强度不足等问题。经过重新设计和不断改进之后，后来问题终于得到解决，这也使得舰载机在航母上着舰的时间被推迟了近一年，成本也有所增加。

在 F-35 型战斗机的 "三兄弟" 中，空军的 A 型相对成熟一些，也较为简单；海军陆战队的 B 型战斗机虽然要求短距离起飞、垂直降落，技术难度比较大，但其需求最为迫切，投入的财力和人力较多，所以进展还算顺利。相对而言，最为难产的要算航母舰载 F-35C 型战斗机了。目前，航母上搭载的是性能卓越、耐用，以及维修保养颇好的 "超级大黄蜂" F/A-18E/F，其后又有科幻般的 X-47B 隐身无人机；美国海军对 "闪电Ⅱ" F-35C 战斗机的总体需求始终有些迟疑不决。

实际上，自 2010 年 6 月 F-35C 首飞以来，因其一路磕磕绊绊，甚至一度传出美国国会有可能会砍掉 F-35C 型战斗机，所以其前途命运始终扑朔迷离。在试验过程中，F-35C 所出现的最大麻烦是，尾喷口下方的那个尾钩很难如愿钩住拦阻索。如前所述，在莱克赫斯特海军航空兵基地试验时，F-35C 舰载机所进行的 8 次挂钩试验全部失败。

仔细观察，你会发现：F-35C 国定翼舰载战斗机有着一对十分宽大的机翼，造型相当有气势。在"闪电Ⅱ"战斗机三兄弟中，C 型机应该是机身最长、重量最重、内油最多、航程最远的一个，也是单价最为昂贵的一个，每架约 1.6 亿美元，几乎和一艘轻型护卫舰价格相差无几！F-35C 型战斗机的机翼翼展比 A 型增加了 22%，翼面积增加了 45%，使之能够在左翼内安装一个更大的油箱，再加上全身上下各处见缝插针地塞进各种大小不同的油箱，从而使得这架全长不到 16 米的"小"飞机机体内竟能装 8.9 吨燃油，超过 A 型的 8.3 吨和 B 型的 6.1 吨燃油量，接近机长 21 米的中国海军歼 -15 战斗机的 9.6 吨。事实表明：F-35C 战斗机的内油航程是现役最先进的 F/A-18E/F "超级大黄蜂"的两倍。巨大的作战半径赋予 F-35C 强大的战技术性能；这种隐形舰载机既能在实施巡逻时在空中逗留很长的时间，又能徘徊战区上空，充当侦察信息平台或实施远距离打击。

由于舰载机的特殊技术要求，F-35C 和 F-35A/B 后两种战斗机的气动外形差别较大。首先 F-35C 的翼展增加了 22%，机翼面积增加了 45%；其次，F35C 的机翼在机翼外翼段后缘增加了副翼，后缘襟翼的弦长也增加很多，而且全翼展前缘襟翼也被机翼折叠机构分为两段；这些改动都会导致 F-35C 机翼上表面上的流场和 F-35A/B 有很大的区别。特殊设计的大机翼使得 F-35C 的翼载最小，升力特性最好，因此 F-35C 的亚音速稳定盘旋能力在三型战斗机中也是最强的。

F-35C 的最大允许着舰重量为 18750 千克；降落时，最大允许携带的武器载荷重量为 4 吨。由于舰载机特殊的机体结构，F-35C 和 F/A-18E/F "超级大黄蜂"一样，并不单纯地追求 +9/-3g 的极限设计过载。尽管美国海军曾将 F/A-18C/D "大黄蜂"的设计过载提高到了 +9/-3g，但在 F/A-18E/F "超级大黄蜂"上，过载要求又被降低到了 +7.5/-2.5g。顺带提及一下，美国空军要求 F-35A 的设计过载为 +9/-3g——重点强调极限机动能力，而海军对 F-35C 的极限设计过载降低为 +7.5/-2.5g，主要目的在于降低 F-35C 战斗／攻击机的结构设计难度。

实际上，航母及其舰载机常年处于高海情、高温或低温交替变化、强风和盐雾长时间严重腐蚀、航母甲板空间极为有限的等十分恶劣的使用环境中。为了满足弹射起飞的要求，F-35C 的起落架是按粗暴着舰的要求来设计的，并且特别加强了起落架和机体结构，以及重点增加了防腐措施。F-35C 采用了结构强度更高的双轮式前起落架；在外观上看，F-35C 的前起落架要比 A/B 两型更加粗壮，承载能力更强。

F-35C 的主起落架为大型单柱单轮式，相比于 F-35A/B 的主起落架，F-35C 的主起落架液压减震系统具有更大的减震行程和较高的承载能力。由于 F-35C 主起落架系统更复杂，所以用于收纳主起落架的 F-35C 翼根处的鼓包体积更大；在外观上看这个鼓包要比 F-35A/B 型的更加突出。同时，F-35C 也加强了机体自身结构强度，用以承受弹射起飞和拦阻降落时所额外增加的载荷。

F-35 战斗机采用电动飞行控制作动器，即所谓动力电传系统；具体而言该机使用 270 伏的大功率电气系统和结构紧凑的多功能电动静液作动器。其优点是：可以取消飞机上的一些复杂、笨重，且维修量大而易损的液压控制系统，使飞机具有更高的可靠性，并更有效地利用飞机上的动力。由于 F-35 的飞行控制面是由电静液作动器驱动的，因此 F-35C 的飞行控制面的总面积要比 F35A/B 的大很多，相应的其气动载荷也要比 F35A/B 的大很多。实践表明，同时偏转 F-35C 的飞行控制面所需的电力要超过 F-35A/B 很多；据粗略计算，F-35C 的所有飞行控制面同时偏转时的峰值用电功率，要比 F-35A/B 大 1/3 左右。这就意味着，F-35C 需要装备更大功率的电力系统。

有些人也许会认为：F-35C 战斗机的最高速度仅 1.6 倍音速（一说要大于 1.6 倍音速），且其机动性还不如三代机中的苏 -27 战斗机、F-16 战斗机。实际上，这种貌似蠢笨的战斗机的机动性能绝非善类。该机机翼不仅面积大，而且翼载荷小，必然拥有出色的亚音速盘旋能力，中低空性能出色，很适合海上作战要求。尽管现役的 F-16 和 F/A-18C 在无外挂情况下，敏捷性强于 F-35C，但一旦挂上副油箱和空空导弹、制导炸弹，其性能就将严重下降；关键在于上述飞机的武器和副油箱都是挂在机体和机翼的外面，从而使阻力大增；相比之下，F-35C 可以把同样多的武器和油料藏在"肚子"里，使得整个飞机外表没有发生重大变化；由此一来在标准作战载荷下 F-35C 战斗机的机动性，就明显强过 F-16 和 F/A-18C。

此外，F-35C 战斗机的机载电子战系统的综合化水平是全球最高的，其电子战系统与 APG/81 有源相控阵雷达、光电分布式孔径系统传感器相连通，自动对比各传感器探测到的威胁目标，将最佳结果显示给飞行员，从而大大缩短了飞行员的判断、决策时间。F-35C 战斗机还可以通过数据链和其他作战平台实施可靠通讯与联合作战。例如，美军曾公布的"空海一体战"模式是 F-35C 战斗机深入对方战区，以其出色的探测能力获取战术信息，随之"超级大黄蜂"在远距离发射各种导弹，并采用"A 射B 导"的方式，由 F-35C 战斗机或 E-2D 预警机直接引导导弹进行攻击。至此，美国海军航空兵进入了真正的"隐身时代"，也表明美国航母舰载机今后从海上发动的攻击行动，将更加隐蔽、突然，威力也更强。

2014 年 11 月 18 日，美国海军 F-35C "闪电Ⅱ"舰载型战斗 / 攻击机圆满地完成了在"尼米兹"号航母上的首次海上起降综合测试。这次海上综合测试，具有跨时代的意义。

从 11 月 18 号开始，F-35C 战斗机开始进行改进起降后的技术性测试，而不再先前那种验证可靠性和其他作战能力的测试。目前的 F-35C 战斗机是一个不断试验、改进测试的机型，有人把它称之为"病号"；也就是说，在此前的测试当中，F-35C 战斗机一直没有"伤愈"过，而 11 月 18 号的测试则充分地表明这一款战斗机身上的各种毛病都基本克服了。实际上，在先前的起降过程中，特别是在着舰测试过程中，舰载机尾钩的设计存在着很大问题，因为洛克希德·马丁公司从前没有设计过舰载机，因此尾钩的角度不合适，造成了勾不住拦阻索中的钢索；在极端情况下甚至会造成 F-35C 战斗机冲出飞行甲板而发生坠海的事故。

美国海军经过了在航母上的起飞以及夜间着舰试飞之后，应该说离真正的舰载机要求越来越近，但是仍然存在着很多问题。例如，舰载机着舰问题解决后，该机作战半径"缩水"的问题、头盔起雾问题，以及机体超重问题，都要求洛克希德·马丁公司及早去克服。

按照最初计划，美国海军原先打算 2018 年开始在航母上部署 F-35C，而且，届时这个计划只能实现其中的一小部分，不可能将航母上的全部有人驾驶舰载战斗机全部更换为 F-35C。实际上，许多军事专家也指出，航母最理想的舰载机搭载状态即为混合部署的形式，也就是采用 F-35C 与 F/A-18E/F 两种有人驾驶战斗机共同部署。这是由于美国海军十分清楚，大量实战证明：时至今日，F/A-18E/F 战斗机的作战能力相当强，而且在多次高技术局部战争中发挥了重大的作用；但对于 F-35C 未来能否在今后复杂的电磁环境条件下，形成很强的作战能力，美国海军高层心中并没有数。如果按正常的服役和以往的应用程序来看，F-35C 舰载机加入到这个有人舰载战斗机序列中，前些年只能是作为配角，而成不了主角。可以说，在今后相当长一段时间内，尽管配备了 F-35C 舰载机，美国航母

❯ 美国航空空间公司

上的作战主力依然只能是三代机，而还不大可能由四代机来担当。

以发展的眼光来看，未来美国海军"福特"级航母的舰载机主力必将是 F-35C 隐身有人驾驶战斗机和 X-47B 隐身察打一体无人机；也就是说，逐渐向有人、无人相结合、相搭配的方向发展。根据以往舰载机发展及形成战斗力的经验，F-35C 战斗机要真正形成战斗力，并最终成为"福特"号航母上的主角，大约需要九年左右的时间。美国两款极其出名的隐身战斗机 F-117 隐身战斗机，以及当今最负盛名的 F-22 隐身战斗机，它们从首次加入现役到最后投入实战的时间都是九年。尽管 F-35C 战斗机今后要走的路可能还比较长，但是由于美国海军航母的这款航母舰载机的跨度十分大，因而它对航母及其海空作战能力都将会有一个明显、重大的提升。事实上，目前其他国家航母舰载机，无论是法国的"阵风"舰载战斗机、俄罗斯的"苏-33"舰载战斗机、印度引进的"米格-29K"舰载战斗机等，它们都是非隐身战斗机，因此 F-35C 在技术水平上比上述国家的舰载机应该说明显提升了一代。从未来作战的角度来看，如果一方隐身另一方不隐身，那么不隐身的一方就很难发现对方，这样摧毁和打击对方的概率将会大幅度降低。假设使用 F-35C 对海上各种舰艇编队目标实施攻击，那么现役装备的一些传统探测手段，例如传统的雷达等基本上没有办法及时发现 F-35C 这样的隐身战斗机，也谈不上进行及时地预警和探测。这方面，双方攻击力和抗击力的差距即将拉大，那么战时水面舰艇编队的损失就会很大。一旦 F-35C 舰载战斗机真正形成实战能力，那么届时美国夺取海上制空、制海权时就将会比目前拥有更大的把握。

从近期报道消息来看，未来 F-35 系列战斗机将成为世界各地特别是亚太地区装备数量最多的四代机。甚至可以说，在某种程度上 F-35 系列战斗机对中国的威胁将比 F-22 还要大，因为它可能大量装备于中国周边国家，其中包括日本、韩国等。目前，日本航空自卫队将配备 42 架 F-35 战斗机（第一架已于 2016 年 9 月入役日本自卫队）；下一步日本还有可能增加追加费用，加大采购数量。如果 F-35 战斗机赶在中国歼-20 之前装备日本自卫队，那么将有可能明显改变中日之间的空中力量平衡。更重要的是，F-35 战斗机还将赋予日本航空自卫队梦寐以求的隐身对地（对海）打击能力。因为 F-35C 战斗/攻击机，是由美国牵头、多国合作研制的通用性第四代战斗机；该机采用真正意义上的隐身设计，并在巡航速度、机动性、作战半径，以及载弹量之间求得最佳平衡，完全具有全天候攻击陆、海、空目标的能力。

为了实现海军、空军及海军陆战队三军通用的的目标，F-35 在同一平台上，分别设计研制了 A、B、C 三种型号。其中，作为历史上第一种投产服役的隐身舰载战斗机，F-35C 采用了大量、先进的雷达和红外隐身技术；通过对飞机总体外形的优化设计，并采用雷达吸波涂料和结构，以及对飞机自身的电磁辐射采取分级控制等特殊技术手段，使其前向雷达反射截面积仅为 0.1 平方米，比上一代舰载战斗机降低了两个数量级。出于舰载机起降和着落的需求，F-35C 特别加大了机翼翼面的几何尺寸，起落架和机身结构也做了加强处理。为了能使机库和航母甲板能够拥有最大的舰载机搭载量，F-35C 采用了可折叠式机翼。

数据表明，F-35C 不仅最大航程为现役 F/A-18C 舰载机的两倍，同时拥有先进的传感器与更大的载弹量，装设了内置式航炮。F-35C 装配了功率强大的发动机，该发动机的推力相当于欧洲战斗机和 F/A-18E/F 两台发动机的推力。常规型 F-35C 拥有与 F-16 和 F-18C 相当的出动率。更重要是，在携带有燃油、瞄准传感器吊舱和内埋式武器载荷条件下，F-35C 的空气动力性能远远超过了装有相同载荷的其他战斗机。F-35 的最大飞行速度为两马赫，巡航速度为 740 千米/小时，盘旋过载达到 6 个 G；在飞行高度超过 3620 米时，该机从 0.8 马赫加速到 1.2 马赫，所需要的时间不超过 41 秒。

根据美国国防部对 F-35 系列战斗机的任务要求，该战斗/攻击机 70% 用于对地攻击，30% 用于空战。F-35 系列战斗机将成为美国三军以对地攻击为主的多用途战斗机，具有全天候的攻击陆基、海上、空中任何目标的能力。在未来的海空战场上，F-35"闪电Ⅱ"战斗/攻击机，将与F-22"猛禽"战斗机联手形成类似F-15与F-16的高低搭配的舰载配置。当F-22战斗机清除了敌方战斗机及地空导弹的威胁之后，夺取局部制空权之后，F-35将携带空对地导弹对分散的地面目标实施全天候的精确打击。与F-16不同的是，F-35具有十分出色的隐身能力，可像先期的F-117隐身战斗机那样实施隐形突防。这种战斗/攻击机无论是机动性、敏捷性，均优于F-16C和F/A-18C，其作战半径为1000至1300千米。F-35C机上的电光瞄准系统，是一个高性能、多功能的轻型瞄准系统，主要包括一个第三代凝视型的前视红外瞄准器。这个瞄准器可以在更远的防区外的距离上，对目标进行精确的探测和识别；该光电瞄准系统还具有高分辨率成像、自动跟踪红外搜索和跟踪，以及激光指示、测距和激光点跟踪等众多功能。

　　F-35战斗机上设有六个机翼外挂点和四个内埋挂点，这十个内外挂点可以携带多种武器装备。据F-35战斗机联合计划办公室透露，在整个

> 密集阵 1B

> 密集阵 1A

武器试验过程当中，F-35C 挂载的所有武器，均与 1760 标准军用接口兼容。具体来讲，F-35C 的武器包括机内搭载：1000 磅 GBU-32 和 2000 磅 GBU-31 联合攻击弹药，GBU-105 装有传感器引爆武器的风修正布撒器；激光制导炸弹，如 500 磅 GBU-12 "宝石路 Ⅱ" 滑翔炸弹，AGM-154 联合防区外武器；空战武器，如 AIM-120C 先进中距空对空导弹和 AIM-132 先进近距空对空导弹。飞机外部挂点包括：洛克希德·马丁公司研制的 AGM-158 联合空对地防区外导弹，MBDA 公司研制的 "风暴之影" 巡航导弹和雷声公司研制的 AIM-9X "响尾蛇" 空对空导弹。

近年来，美国海军不断地优化航母舰载机编成，试图以最经济、最优化的数量与规模配置，来达成最高效、最强大的战斗威力。目前，一个比较典型的舰载机联队的战斗机数量，通常由 44 架的 F/A-18 战斗机组成，主要包括 20 架 C 型、12 架 E 型和 12 架 F 型；随着 F-35C 舰载战斗机的相继入役，美国舰载机联队的数量与规模构成会变得更为精炼、高效。到 2020 年左右，美国航母舰载机联队的典型编成将是 12 架 F/A-18E 型、12 架 F/A-18F 型和 20 机 F-35C 战斗机。更重要的是，届时所有的航母舰载机联队的战斗／攻击机，都将可以通过快速传递图像的传感器，以及更先进的数据链将彼此高效、快捷地联系起来；这种由于技术革新、改进和使用，将使 F-35C 战斗机具备有相当于 20 世纪 80 年代末战斗机作战能力的 10 倍以上。随着 F-35C 舰载机的大量入役和充分运用，标志着美国海军航空兵尤其是航母舰载机，开始进入一个全新的隐身时代。F-35C 舰载机凭借着自己极其突出的隐身能力和超常优异的机动性能，足以令未来海上作战和空中作战行动发生革命性的变化。未来在很多情况下，美军这款新型 F-35C 舰载机将会轻易地突破对方的防空系统；或在不被对方发现的情况下，精确地打击其地面或海上目标。即使届时对方会派出部分飞机进行拦截，F-35C 将凭借自身超强的隐身能力，快速接敌，抢在对方觉察发现之前，迅速发射超视距空对空导弹，将其消灭。

F-35C 与 F-35A、F-35B 一样，都将采用自助式的后勤保障，而其

> 密集阵近防武器系统

核心组成部分，则是预测诊断和完好性的管理系统。这套管理系统以其强大的机载诊断和故障预测能力，将给维修工作带来许多革命性的影响。这对未来维护条件十分艰苦，保障环境相当恶劣的 F-35C 舰载战斗机来说，将具有极其重要的意义。

从另外一个角度讲，为了应对 F-35C 等系列隐身战机的威胁，其他国家必将会大力发展先进的探测设施、完善的预警体系，并发展各种不对称战法，即可能转而采取攻击美军陆基机场或航母本身的作战行动和打击方式；或攻击没有隐身能力的空中加油机，以缩短隐身战斗机的航行距离和打击半径；在必要情况下，还可攻击隐身战机所十分依赖的侦察卫星和预警卫星，使其缺乏足够的情报支撑和信息提供，从而被迫开启机上的自身雷达，暴露自己的行踪。

在多灾多难的 F-35 家族中，舰载型 F-35C 是最晚研制、最晚首飞的，进度也是最晚。这倒不是 F-35C 特别多灾多难，原计划就是如此。美国海军陆战队的 AV-8B"鹞"式垂直起落战斗机已经老旧，急需 F-35B 接替，所以 F-35B 应该首先达到初始作战状态。美国空军的 F-35A 是外销主力，在结构和系统方面也相对简单，没有 F-35B 那样的滑跃起飞、垂直降落要求，又没有 F-35C 的上舰要求，所以进度第二。美国海军的 F-35C 排在第三。

与基本型 F-35A 相比，上舰改装使翼展从 10.7 米增加到 13.1 米，翼面积从 42.7 平方米增加到 62.1 平方米，机内载油从 8390 公斤增加到 8900 公斤，最大起飞重量不变，还是 31800 公斤，航程从 2220 公里增加到 2520 公里，推重比从 0.87 降低到 0.75。机翼面积的大幅增大，明显改善了低空低速机动性，有利于降低航母上起飞、着陆速度和可控性，也增加了机内载油量；起落架大大加强，适合航母上的高下沉率着舰；增加的尾钩则在着舰时挂上拦阻索，极大地缩短了着陆滑跑距离。这些上舰改装都增加空重，加上增加的机内载油量但没有增加的最大起飞重量，F-35C 的武器挂载能力有所下降。外观上，F-35C 的机翼明显更大，翼根后缘与平尾前缘重叠，所以翼根后缘像 F-22 一样有一个切角，以避开平尾。另一外观特征就是粗壮的尾钩，但这尾钩曾给早期试飞带来巨大的困扰。

在早期陆上试飞中，F-35C 的尾钩出现了着陆滑跑时挂不上拦阻索的严重问题；在莱克赫斯特海航基地试验过程中，8 次挂钩试验全部失败。综合来看，问题主要出在以下三方面：①主起落架到尾钩接地点距离太短；②尾钩形状不利于挂上；③压住尾钩的机构阻尼不足，使得尾钩容易被地面或者甲板的表面不平而弹起。

洛克希德从来没有设计过舰载飞机，难说问题是不是出在尾钩设计的。理想舰载战斗机的主起落架和尾钩接地点之间应该保持较大距离，这样主起落架机轮滚过后，拦阻索有时间回位腾空，便于尾钩挂上。在典型舰载战斗机主起落架到尾钩接地点的距离中，F-18E 为 5.7 米，F-14D 为 6.7 米，教练机 T-45 为 4.45 米，就连纵长相对较短的无人机 X-47B 都有 3.1 米，但 F-35C 只有 2.2 米。距离太短使得 F-35C 被迫使用很长的尾钩，但主机轮着地后，尾钩远远地拖在后面，角度不利于挂上拦阻索，进一步恶化了问题。

F-35C 的尾钩形状本来是借用 F-18E 的，F-18E 的主起落架到尾钩接地点的距离比 F-35C 长 150%，没有机轮把拦阻索压到地上来不及弹回的问题，所以 F/A-18E 的尾钩前缘较钝，还略带像大头皮鞋一样的倒钩，确保挂上拦阻索后不会脱落。但同样的形状用于 F-35C 就悲剧了，钝头把拦阻索推着走，不容易挂上。设计团队在修改中，把尾钩改为较尖锐的锲形挂钩，但这样的形状容易挂上，也容易脱落，需要特别小心地调教阻尼，在弹跳次数和弹跳幅度之间最优妥协，避免尾钩弹跳或者拦阻索张力不均匀时造成脱钩。

F-35C 的着舰接近下滑航迹也一反常规。舰载战斗机着舰是沿着笔直的斜线直接降落到航母甲板上的，没有陆基战斗机在最后接地前的改平飘飞然后接地动作。所以通常做法是襟翼放下到固定位置，相当于设定了大体固定的下沉率，然后调节发动机推力来控制前后位移，把飞机控制在预设的下滑线上，直到接地。下沉率对航母上着舰非常重要，下沉率过高，起落架受不了；下沉率过低，前进速度过大，拦阻索和尾钩受不了。预设襟翼位置可以把飞机控制在最优下沉率，但推力改变会使机身俯仰角度有所改变，在通场情况下，这不是问题，但F-35C令人不放心的尾钩使得这样的传统着舰方法不再适合。所以，F-35C反过来，把发动机推力设定在固定位置，相当于设定了大体固定的下滑速度，同时设定了大体固定的机身俯仰角度，然后用收放襟翼来调节升力，控制飞机的垂直位移，把飞机控制在预设的下滑线上。这个方法更多用于陆地上的跑道着陆，可以在机尾不蹭地的情况下以最大仰角接地，使得着陆速度最低，着陆滑跑距离最短。但对于F-35C来说，着陆滑跑距离不是最大的问题，反正有拦阻索，但用最优角度接地，确保尾钩挂上拦阻索，这才是第一要务。

F-35C用改进的尾钩在陆地上的初始试验中，8次试验成功5次。经过更多的精细修改后，终于到了可以上舰试验的程度，而且一次成功。"尼米兹"号上的第一次着舰试验是在风平浪静的情况下进行的，这也是由美国海军最精锐的试飞员做到的，要到普通飞行员在浪急风高的情况下也能达到很高的成功率，才算真正成功。这有待后续试验。

不过，F-35C的未来命运，并没有因为其成功上舰而明朗化。对于F-35C来说，F/A-18E既是"战友"，又是对手！后者悄悄挤占前者的订购，始终是一个潜在的危险。

对美国空军而言，F-35A是与F-22高低搭配的低端。对于美国海军而言，F-35C的位置就比较微妙了。美国海军没有相当于F-22的高端，F-14已经退役了；经典型F/A-18将由F-35C替代，但大改的F/A-18E将与F-35C长期并存。F/A-18E比经典型F/A-18要大一圈，属于中型战斗机了。F-35C的最大起飞重量超过F/A-18E，自然不可能成为低端，当然也谈不上高端。于是，F/A-18E和F-35C形成奇怪的"中中搭配"，F/A-18E偏重舰队防空，F-35C偏重对海对陆攻击。但航母尽管代表了进攻性力量，舰队防空依然是舰载战斗机的首要任务，航母要是有了闪失，舰载战斗机就死无葬身之地了。在 F-14 和 F-18 高低搭配的时代，F-14 专职外层防空，F/A-18 则负责内层防空，兼顾对海对地攻击，在 A-6 攻击机退役后则成为对海对地攻击主力。

F/A-18E 和 F-35C "中中搭配"时代则比较别扭。F-35C 具有隐身能力和更优秀的态势感知能力，理应承担外层防空，但 F-35C 的最大速度只有 M1.6，全内载的话只能挂载 4 枚 AMRAAM 中程空空导弹，不利于在外层拦截敌方的饱和攻击。翼下挂载可以增加导弹数量，但丧失隐身性能，还增加阻力，速度进一步降低。用于内层防空的话，F-35C 没有固定的机内航炮，必须吊挂机腹航炮吊舱，也有降低隐身性能和增加阻力的问题。航空评论界对 F-35A 的空战能力本来就存疑，F-35C 的翼载较低，但推重比更低，不利于近距格斗。相比之下，F/A-18E 在采用 Block III 升级后，航电方面采用波音本来用于投标 JSF 的技术，性能不亚于 F-35C。在舰队防空，F-35C 方面既不能与 F/A-18E 拉大差距，性能上也谈不上互补，地位很有点尴尬

F/A-18E 尽管从一开始就是作为双任务战斗机设计的，也就是兼顾舰队防空和对海、对地作战，但 F-35C 的对海、对地性能无疑更为优越。隐身能力使得 F-35C 可以实现"自我护航"出击，降低对战斗机护航、电子战飞机压制保障的需求，更大的航程更是适合由海到陆的远程打击。不过中国的反舰弹道导弹使得这一设想有了疑问。一般认为，反舰弹道导弹的射程在 1600-2000 公里左右，这就使得航母不想冒遭到攻击的风险的话，部署线要后退到离海岸线至少 1600-2000 公里左右，但这样一来 F-35C 增加的这点航程也无济于事了。美国航母上没有专用的加油机，战斗机之间的伙伴加油的燃油输送量有限，不利于维持大量飞机的高强度出击。另外，缺乏 F-22 那样的高端资源的踹门和保驾的话，单靠自我护航的 F-35C 是否能砸开装备苏 -30 或者更先进一级战斗机的敌方防空大门，已经不是很有把握的事了。反舰弹道导弹是反介入 - 拒止战略（简称

A2AD）的一部分，陆攻弹道导弹和巡航导弹对第一甚至第二岛链的美军基地也是严重威胁。正是因为这些原因，F-35C（还有 A、B 型）对未来亚太战场的有效性受到强力质疑

另一方面，如果美国空军属于技术流的话，那美国海军航空兵就属于技能流；这方面与海军航空兵的特殊性有关。在技术条件大体相当的情况下，陆基作战飞机总是比舰载作战飞机更容易首先实现尖端航空科技，性能更高，舰载飞机技术有时甚至必须因为上舰要求而被迫保守。比如说，在朝鲜战争时代，美国空军的 F-86 已经采用先进的后掠翼，速度和升限大大提高。但美国海军战斗机受限于发动机推力不足，在还没有弹射起飞和拦阻索的时代，只能用平直翼降低起飞速度，所以要到朝鲜战争结尾的时候才勉强赶上后掠翼的大潮。由于这种"有什么武器打什么仗"的传统，美国海军航空兵对接受一点性能损失没有太大的心理障碍，对拓展飞行性能的绝对前沿没有美国空军那么执着，但更加强调战术、训练和武器系统的作用。F/A-18E 不够理想，但基于美国海军对未来战争性质的评估，半隐身的 F/A-18E 够用了。电子战改型 EA-18G 不仅在电子战能力方面全面取代了专用电子战飞机 EA-6B，还保留了空战能力，成为在空战演习中首先"击落" F-22 的战斗机。波音正在大力推动 Block Ⅲ 升级，采用推力增加 20% 的通用电气 F414EPE 发动机和基于波音 JSF 的航电套件，跨音速加速性能大大改善，态势感知和除了隐身之外的综合实战性能全面逼近 F-35C，但成本要低很多。更大的威胁来自无人作战飞机，尤其是以诺思罗普 X-47B 的新一代具有全向隐身能力的专用无人作战飞机。

但是，一个不争的事实是：无人作战飞机的主体在本质上还是无人侦察机，即便挂上了"地域火"反坦克导弹或者"针刺"防空导弹后，也顶多是业余无人作战飞机。X-47B 的最大起飞重量与 F-16 相当，具有在航母上自主起飞、着陆能力，能自主编队飞行，能自主完成攻击和自卫的基本战术动作。X-47B 的机内武器舱可以挂载 2000 公斤的武器，不过这是研究机，没有完整的火控系统，机内武器舱只是概念验证用的。X-47B

采用全向宽频隐身的无尾飞翼设计，高亚声速飞行，最大起飞重量达到20吨。拟议中的 X-47C 更大，也将能够挂载 4500 千克武器，航程超过3000 千米，基本达到实战级无人作战飞机水平。美国海军一些决策者对无人作战飞机特别起劲，以 X-47B 为基础研发的下一代无人作战飞机可能成为舰载航空的未来主力，已经成为评论界的共识。

美国海军内部一些人士仅从某些不利因素出发，也曾发出过让 F-35C 下马的呼声，从而时有所闻 F-35C 战斗机为无人作战飞机让路的论调。更令人担忧的是，这些论调有不少是来自具有决策影响的美国军方高层。2015 年 10 月 27 日，美国国防部智库"战略预算研究中心"的罗伯特·马丁盖特发表了一份被广泛称为"第三代反制战略"的报告，其中要点之一就是削减 F-35 的采购，改为发展无人作战飞机。报告甚至称 F-35 为半隐身，使得原本作为 F-35 战斗机最大的亮点——"隐身"也顿时显得黯淡。

第三代反制战略是相对于艾森豪威尔时代大规模核报复战略和尼克松时代国防部长布朗提出的精确制导武器战略，第三代反制战略的重点在于隐身、航程和网络化。马丁·盖特为前海军部副部长，新近因为与女部下的性丑闻而被迫辞职。但他的才干、决策圈经历和对美国海军战略事务的熟悉使得报告具有特别价值，更重要的是，报告的后台是现任国防部副部长罗伯特·沃克。沃克本人曾是战略预算研究中心副总裁，2008 年发表了对美国无人作战飞机的研究具有决定性影响的报告，2009 年出任海军部副部长，2013 年离任后不久就被召回，出任主管战略事务的国防部副部长。马丁盖特就是在沃克离任海军部副部长后继任的。沃克在 2012 年就下令美国海军提交调研报告，研究在 F-35B 和 F-35C 中下马一个型号的可能性。

常言道：福无双至，祸不单行！在 2015 年 11 月的一次 F-35C 战斗机耐久性地面测试中，检查员发现了在飞机翼梁处有一个小裂缝。这个"黑天鹅事件"再度引起了美国海军及其相关部门的恐慌；但不久美军官方马上出面解释，该情况不会影响当前 F-35C 的飞行测试。

实际上，F-35C 战斗机已经在进行"耐久性地面测试"，这是一个正常的测试程序。测试人员通过加载周期性载荷于飞机机体，以模拟飞行操作，识别任何潜在的问题；其目的就是为了测试飞机结构限制和强度，以便及时发现问题并加以改正措施，使定型后的飞机达到最完美。这类测试可以确保 F-35C 达到规定要求的 8000 飞行小时疲劳寿命；而耐久性试验时间相当于飞机两个寿命周期，也就是 1.6 万飞行小时。到 2015 年底，F-35C 耐久性地面试验机已经接受超过 13700 小时的测试，相当于 6850 飞行小时或者 20 年以上的服役时间。根据所发现的问题，美国海军和主要承包商正在努力找到一种解决方案，其中包括"修改大约半磅的飞机"。

与此同时，美国海军还在积极展开 F-35C"闪电-II"战斗机的航母阻拦着舰。2015 年 10 月，2 架 F-35C"闪电-II"战斗机首次在美国"艾森豪威尔"号航母上阻拦着舰，这是为期 2 周的 F-35 海上研发测试第二阶段 (DT-II) 的一部分。测试中，2 名美国海军试飞员分别驾驶 CF-03、CF-05 号的 F-35C 试验机，成功地降落在"艾森豪威尔"号的飞行甲板上。按照计划，F-35C 将于 2018 年前具备初始作战能力。

DT-II 是 F-35C 三个阶段海上测试计划的第二阶段。美国海军飞机历经 DT-I、DT-II、DT-III 三个测试阶段的目的是确保研发的飞机能够满足性能要求，并在测试阶段提前充分识别关键任务问题，以确保能够按时按初始作战能力计划及时交付飞机的全部能力。

在 2014 年的进行的第一阶段研发测试中，F-35"闪电-II"历史性地完成了航母阻拦着舰和弹射起飞。当年 11 月 3 日，F-35C 在"尼米兹"级航母上完成了首次航母上飞行作业，试飞员和工程师还在海上环境测试了飞机与航母空中和甲板作业的适应性和集成度。通过第一阶段研发测试计划，F-35C 在空中和飞行甲板上都演示了超常的性能，加速了项目团队研发进程，提前 3 天完成了 100% 的极限测试点，并完成了夜间飞行。试飞员和工程师们确认了 F-35C 的德尔塔飞行路径技术可明显降低飞行员在接近航母过程中的作业负担，增加了飞机进近航母时的安全性。

首席测试工程师安德鲁·马克指出，F-35C 后续的海上试验可能通过与"艾森豪威尔"号航母的协同和团队作业，测试 F-35C 的海上作业能力。F-35C 将在 DT-II 演示一系列的作业动作，包括在进行模拟维护作业、一般性维护时的弹射起飞和阻拦着舰。根据对 DT-II 测试数据的分析，项目团队将在对美国海军提出必要的调整建议前对 F-35C 在舰载环境下的性能进行全面评估，以确保这款第五代战斗机能在 2018 年前达到计划的初始作战能力。F-35 项目执行官说，"这些海上试验将进一步扩展 F-35C 的飞行能力包线，在接下来的几周，我们将对如何将下一代战机集成到航母上有更多的了解，我们今天正在进行的测试是为 2016 年的最终海上研发测试做准备工作，以确保满足海军 2018 年形成初始作战能力的要求。

在本世纪 20 年代之前，美国海军有可能将 F-35C 年采购数量由现计划的 20 架削减到只有每年 12 架；同时对"超级大黄蜂"舰载战斗机实施延寿以航母维持舰载机规模。这一消息，已得到美国海军负责航空的迈克·休梅克海军中将确认。

事实上，早在 2016 财年预算中，美国海军就曾提议削减 F-35C 的采购数量：即拟在 2016-2020 的未来五年防务计划 (FYDP) 中，砍去了 16-20 架 F-35C 飞机，在 2020 年将达到 12 架 F-35C 的峰值采购数量；而美国海军陆战队 F-35B 垂直 / 短距起降战斗机的年度采购数量仍将维持在每年 20 架。

为了能维持 10 个由 44 架战斗机组成的航母舰载航空联队的规模，美国海军计划通过"使用寿命评估计划"(SLAP) 和"使用寿命延长计划"(SLEP)，将波音公司的 F/A-18E/F"超级大黄蜂"寿命从 6000 小时延长到 9000 小时。这样到本世纪 20 年代末，经过 SLEP 延寿的"超级大黄蜂"将是美国海军机队中数量最多的战斗 / 攻击机。不过，由于美国海军最新的 SLEP 项目 (F/A-18A/B/C/D 延寿项目) 已经落后于进度，从而导致现在某些舰载机中队力量不足。

到 2025 年，美国海军航母舰载机将包括 F-35C、F/A-18E/F "超级大黄蜂"、EA-18G "咆哮者"电子攻击机、E-2D "鹰眼"预警机、MH-60R/S 直升机和一些舰载运输机。F-35 "闪电-II"舰上试验的持续成功，有助于美国海军下一代飞机的发展。

重大改进的 E-2D "先进鹰眼"预警机

E-2D "先进鹰眼"预警机是美国海军的一种全新预警机，是在 E-2C "鹰眼 2000"预警机基础上经过多项较大的改进发展而来的。但该预警机与后者相比，出现了许多重大的改进：首先，E-2D 的任务系统是全新的，它为了适应新的雷达、天线、操作台、显示器以及驾驶舱，诺斯洛普·格鲁门公司对 E-2D 预警机的任务系统进行了重新打造。作为未来美国海军网络中心战的重要节点和关键一环，E-2D "先进鹰眼"预警机正从以往的 E-2C 为航母战斗群提供远距离的预警和探测的传统角色，加速"蜕变"成为一种能够承担整个战场指挥与控制任务的全新角色。作为实现 21 世纪海上战略力量中的一个重要角色，美国海军已确定采购 75 架 E-2D "先进鹰眼"预警机。未来，美国海军还可能进一步增加 E-2D 采购数量，以使每一艘"福特"级新一代先进航母上装备 8 架该型预警机，从而实现连续七天保持 24 小时的全时空执行任务。

早在 20 世纪 60 年代初，由美国格鲁曼公司为其海军研制了 E-2 预警机。在此后 50 多年的时间里，该型预警机先后进行了不断的改进和发展，接连出现了 A、B、C 等型号。2005 年 3 月 4 日，美国海军航空系统司令部根据未来航母战斗群作战需求及海空作战技术特点，对外正式宣布：将一种正在研制的新一代的舰载预警与指挥控制飞机命名为 E-2D 预警机。

一个月后，首架 E-2D 预警机实验机开始制造，由此鹰眼家族的又多了一位新成员，并且逐渐步入世人的眼帘。

作为 E-2 "鹰眼" 家族的最新型号，实际上 E-2D "先进鹰眼" 是美国海军在 ATS、E-X 和 CAS 等一系列后续飞机替代计划屡遭失败的背景下，开始酝酿、研发，并经历了一个技术不断发展，日渐成熟的 "孕育过程"；到了 80 年代中期，美国海军拟制了一项 "先进战术支援飞机" 计划，希望这种 "先进战术支援飞机" 最终能够用于替代 E-2C 飞机。然而，这项研制计划后来还是成为了防务预算削减的牺牲品，于 1991 年悄然终止。1992 年，美国海军再次提出未来航母舰载预警机任务的需求，同时进行了重新梳理和研究，详细制定出了一种全新预警机方案，并将其暂时命名为 E-X。美国洛克希德公司曾计划在 S-3 飞机的机身上安装一个三角形雷达罩，罩内装设相控阵雷达天线。美国波音公司也提出了一种采用共形相控阵的连翼布局方案。在充分评估了相关公司的各种方案之后，美国海军最终还是选择了继续对 E-2C 预警机进行一系列改造及继续沿用的计

> 中国航母编队

> 美国航母编队

> 泰国"差克里·纳吕贝特"号航母编队

划，由此一来E-X计划便随之销声匿迹。

上世纪90年代后期，美国海军还曾提出一种"通用支援飞机"（CAS），以作为一种"鹰眼"预警机的最终继任者。但考虑到预算削减的原因，CAS项目最终也是无果而终。由于没有预警机的替代型号，在此万般无奈之下，美国海军最后只好将改进和改装后的E-2C"鹰眼"预警机继续服役到2020年之后。

1997年，美国格鲁曼公司提出了"鹰眼2000"预警机计划并获得美国海军的首肯。其实，早在"鹰眼2000"预警机尚未交付之前，美国海军就一直酝酿正式启动"鹰眼2005"计划。美国海军希望进一步扩大"鹰眼"系列预警机的作战范围及作战能力，承担起沿海区域的监视、战区导弹防御任务，但这对于长期以来一直处于复杂的海空环境中担负空中预警任务的E-2C来说，是个不小的变化。2000年1月，美国海军发布了一份指导性文件，正式提出了"先进鹰眼"预警机的发展计划。美国海军要求工业部门加紧进行了各项研究，重点集中于先进电子扫描雷达、新型电子设备、任务软件和后勤支援等四个主要领域。美国格鲁曼公司所属的综合系统分部，是"先进鹰眼"预警机的主要承包商和系统集成商。它们分别向美国海军部提交了五项专题研究报告，主要涉及重点的相关技术问题，以及对该机全套系统的评估；同时，还提交了几项有关传感装置的研究报告。

根据这些报告，美国海军初步拟定了"先进鹰眼"的采购计划。按照最初计划，2003财年开始进入到上述工程的制造阶段，以便从2006年能够入役和部署使用这种新型预警机。但是，直到2002年前整个工程预算始终没有获得，从而导致整个进度出现推延。

按照整个合同要求，美国格鲁曼公司在系统开发和验证阶段，必须把两架"鹰眼2000"预警机升级为E-2D预警机的构型，其中包括预警机的设计、制造、组装、综合、测试，以及软硬件评估和相关的工程服务。实际上，这项改进计划的重点，是更换E-2C旋转雷达天线罩内的AN/APS-145雷达及其相关电子设备。由于"鹰眼"预警机的服役时间早已超过40年，诺·格公司从结构强度层面考虑，将对E-2D预警机的机身中段进行加固，以解决因雷达系统升级导致重量有所增加所产生的影响，而其他部位基本保持不变。2006年2月，诺·格公司电子系统部导航系统分部，选中了巴科公司提供的先进多用途控制显示器装置（MCBU）。除这种装置外，巴科公司还为美国海军公司E-2D"先进鹰眼"预警机驾驶舱和后部操作员站开发了一种基层模块化开放系统的平台。MCBU是E-2D"先进鹰眼"预警机的综合导航、控制与显示系统项目的组成部分；该项目将为该预警机任务系统，提供一个现代化的全玻璃数字式的驾驶舱。

2007年初，"先进鹰眼"预警机在美国海军武器库中正式列编，列编的型号为E-2D。由此一来，E-2D预警机将成为继SPY-1水面战舰雷达、"标准"舰空导弹和协同作战能力之后，美国海军构建的"综合火力控制作战空间"四个重要支柱之一。同年5月，诺·格公司首次公开亮相了为美国海军制造的第一架E-2D"先进鹰眼"预警机。这架预警机是2001年授予格鲁曼公司的近20亿美元演示与发展合同中，所包含的两架试验预警机中的第一架。

2007年7月，美国海军授予诺·格公司一份总额为4.08亿美元的合同，用以制造美国海军已计划采购的75架E-2D"先进鹰眼"空中预警与控制飞机中的首批三架预警机。美国海军曾计划在2011年，建立第一个E-2D预警机中队，并达到初始运行能力。随后，于2009年达到低速初始生产，2013年开始全速生产。同年10月，美国海军签署了E-2D"先进鹰眼"预警机，并形成初始作战能力的文件；这标志着该预警机已经如期完成了，从研制发展到作战评估的一系列工作过程。新成立的第一支装备E-2D预警机的作战部队——第125舰载空中预警机中队，已于2015年初正式部署到"西奥多·罗斯福"号航空母舰上，由此不仅海上作战编队中有了探测搜寻和指挥协调能力更强的海空中心，而且在美国海上网络中心战中有着一个至关重要的角色。

E-2D"先进鹰眼"预警机具有极其出色的战技术性能。首先，从气动外形上来看，该预警机在很大程度上保持着"鹰眼"原有的气动布局，但通过采用新型螺旋桨、嵌入式卫星天线和加装空中加油设备等改进措施，已显著提高了它的总体飞行性能。E-2D"先进鹰眼"预警机虽然继续延用了T56-A-427型发动机，但换装了一种可改善功能、处理速度很快，同时成本大幅降低的全权数字电子控制系统。这种数字电子控制系统可通过接口电路，把传感器输出的信号全部转换成二进制数字信号；由微处理机以数字形式进行运算，再经过数模转换和功率放大器接口电路来驱动各种执行机构工作，从而实现对发动机的控制。它的优点是：逻辑功能强、运算能力强、精度高；而且面对各种复杂的控制规律都可以通过程序，通过数字运算的形式加以实现，增加或改变了控制规律，因而通用性强，可靠性明显提高。

众所周知，E-2C预警机上的四叶螺旋桨采用的是机械控制方法；其机上桨叶为钢质材料；而E-2D将直接安装新型的八桨叶NP2000螺旋桨，桨叶为复合材料制造，且采用数字化控制。相比之下，新型螺旋桨不仅震动更小，噪声更低，而且减少了零件数目，降低了维修费用，而且可以在机翼上直接更换单个桨叶，利用维修设备在飞机上就可以平衡螺旋桨。E-2D 预警机还采用了一项新型嵌入式卫星通讯天线；该技术不但可以改善天线系统的性能，而且能够减轻飞机的重量，有利于改善飞机的整体飞行品质。

此外，E-2D 预警机还采用了全新的战术驾驶舱。它的设计特点是：采用的玻璃座舱内，装设有三个 430 毫米 ×430 毫米的战术多功能彩色显示器，可及时、清晰地显示各项飞行数据；与当前普遍使用的机电飞行仪表显示器相比，全新的战术驾驶舱性能优异、显示直观，对驾驶、操作等效率的提高意义重大。这种新型驾驶舱既可满足了飞行员驾驶飞机的需求，又可允许两名驾驶员中的一人担任第四任务系统操作员。这种战术驾驶舱主要集中了综合导航、控制和显示系统，为飞行员提供了增强的态势感知，飞行员或副驾驶员能够控制战术显示器，有效地减轻其他机组人员的任务负荷，而且能够看见后面位置的操作员正在观察和注视的图像。飞行员能够将飞行显示器转换到战术显示器，这样就能够看见空中图像，确立目标来自何方、敌我识别、飞行方向和飞行速度等。

E-2D 预警机的另一个显著、突出的特点是：增加了空中加油能力。积极推进为"先进鹰眼"预警机集成空中加油能力，一个最重要的目的是，将其从传统的空中预警角色转变为未来空中作战行动的指挥与控制平台，从而促进"鹰眼"预警机的职能出现系列重大转变。2013 年，美国海军授予诺·格公司研制和生产合同中，正式提出为 E-2D 预警机改装空中加油系统，以增加飞机的续航能力，从而达到其在空中能够连续 9 小时执行任务。新型的空中加油系统主要包括：改进飞行控制系统软件，以帮助飞行员在空中加油时，能更加有效地改进飞行员的视野，降低驾驶负荷；安装新的照明装置，以加强可视化和空间方向感。2014 年 9 月初，诺·格公司与美国海军已经成功地完成了对 E-2D 预警机的新型空中加油系统的初步设计评估工作，并为后续关键系统设计评估，并为下一步多项改装工作铺平了道路。

为了提高执行监视沿海地区和陆地边缘的性能，E-2D预警机对内部一些关键电子设备，进行了全面的升级改造。其中，最重要的一个方面，就是已经实施多年的"雷达"现代化计划；该计划将采用具有先进时空自适应处理技术的电子扫描UHF雷达，红外搜索和跟踪传感器，增强型ESM系统、模块化通讯设备、改进的战术座舱和融合的多元传感器等。

E-2D预警机上使用的是一种最新开发的ADS-18雷达，用来替代目前E-2C上正在使用的APS-145型雷达。APS-145型雷达，仍使用八木旋转天线，通过一个三频道旋转同轴耦合器将雷达与敌我识别器信号馈送至飞机内部的设备；该雷达拥有较新的低脉冲重复频率（PRF）操作模式，是E-2预警机系列中所配备的第一种兼具高、中、低频三种模式的雷达；机上搭配一具赫兹尔坦公司的RT-988敌我识别收发器。

在世界范围内，APS-145型雷达应该说还算先进，但毕竟它已服役了二十余年，其总体性能与未来海空战的要求相距越来越远。ADS-18雷达采用了模块化结构，从而更容易升级，并且通过引入坚固耐用的商业成本部件，来降低整体费用。ADS-18雷达采用被动式固态电子扫瞄阵列天线（又称旋转电子扫瞄天线）；这种天线本身的波束能涵盖120度的水平扇区（实际操作时，水平扫瞄范围大约在90度扇区以内），配合水平旋转基座便能涵盖360度的全方位（天线的水平旋转速率为每分钟4.5或6转），最大探测距离超过483公里；能同时保持对地面半径321公里，以及高度0到3万米的空域进行搜索。ADS-18雷达探测范围是APS-145雷达探测范围的两倍以上，而且能在更远的距离探测到小型目标。

此外，ADS-18雷达还可以消除混杂在移动目标回波中，因地形和固定物体产生的雷达回波，从而轻松地辨别出远离内陆低空飞行的巡航导弹，及时、快捷地向航母战斗群提供预警。除了电子扫描天线外，ADS-18雷达还率先采用了目前最先进的数字时空自适应处理技术，并能将截获的数据通过STAP处理电路，更快地得以数字化。STAP处理器判断来自天线的信号，不仅可从强地杂波中检测出小目标和慢运动目标，还

> 美国"福特"级航母俯视图

能自动抑制来自多方面的有源干扰。因此，ADS-18 雷达显著改善了干扰环境中的目标探测能力，增加了雷达的探测精度。

ADS-18 雷达系统的另一关键技术，是采用了全新设计的旋转耦合器。它构成了机内电子设备和旋转天线之间的接口，将来自旋转天线的各种无线电频率信号转发到机身内部的固定电缆中。相比以前的型号，E-2D 预警机更需要耦合器的工作；ADS-18 雷达系统将通过耦合器处理来自 18 个天线模块的全部 18 个信号，通过数字系统处理后，帮助消除杂波和各种干扰。由于采用了单脉冲技术和先进的跟踪技术，ADS-18 雷达将具有近乎完美的连续跟踪性，对于空中和海上目标的定位精度可增加一个数量级。通过 CEC 和 16 号数据链的融合连接后，E-2D 预警机可为美国海军其他水面舰艇和飞机，提供一幅真正的一体化战争态势图，从而全面地感知防区外的所有威胁。如果与 E-2C 所使用的 APS-145 雷达相比，E-2D 上的 ADS-18 雷达不仅可以探测更多的目标，而且在陆地上空以及辽阔的海面上方出现更多杂乱回波，更强电磁干扰和抑制环境条件下，可以更好地探测到各种各样的威胁。为了增加在战区预警与指挥控制方面的能力，E-2D 预警机还加装了红外搜索与跟踪监视系统。在 E-2D 的机鼻位置上方，还安装有一个小型的红外传感器，并利用飞机内部的处理器、控制器和显示装置，为任务机组人员提供导弹的监视和跟踪信息。不过，这个系统仅具有角度跟踪能力，而不具备测距能力，它能够利用雷达同步检测的数据，实施计算导弹的发射点和攻击点，最终通过与之相连的数据链路，为航母战斗群提供非常准确的三维图像和跟踪信息。

　　E-2D 预警机扩展其防空任务的一个关键是协同作战能力，通过数据链将来自各种平台的雷达跟踪数据，融合为一幅高质量、实时合成的跟踪图像，并实时地参与到军舰和飞机的信息网络中。E-2D 接收到舰载系统初始通讯信号，机上的 CEC 系统检测这些数据，识别飞机同时跟踪同一目标，增加其自己检测的相关雷达数据后，再次将所有信息发回军舰。这一过程允许网络内的所有作战平台，在其传感器的监视容量内，同时看到完整的空中传输，并协同应对各种威胁。

　　E-2D 预警机的雷达将进一步依靠改善精确性来增强 CEC 图像，从而针对较小的不确定区域，进一步改进探测距离，以及改善跟踪的连续性，由此识别目标将变得更加容易。当舰载机相控阵雷达未能锁定和击中目标时，E-2D 预警机上的 ADS-18 雷达探测能力可以填补空白；该雷达可向舰载 CEC 网络提供更高的保真度，更丰富的细节，并且能够实施更频繁的目标数据更新。CEC 还允许更好地探测跟踪类似巡航导弹这一类低可探测性、高机动性的飞行目标。这样 CEC "鹰眼预警机" 就可以在高空与海上战舰间形成网络，从而有效地超越地平线的制约，相互分配各种不同水面作战任务，扩大态势感知图像和增加舰队反应时间。

　　随着数据链带宽的增加，未来 "福特级" 航母上或地面上的人员也能够加入到 "机组工作"，成为第五甚至第六名虚拟操作员，以充分发挥 E-2D 预警机的工作效能。

"两朝元老" F/A-18E/F 战斗机

"福特"级航母的前两艘"福特"号和"肯尼迪"号在未来舰载机的配备上，将搭载 44 架战斗攻击机，其中包括 F-35C"闪电 II"短距起飞 / 垂直降落舰载机，F/A-18E/F，由于 F-35C 战斗机数量在逐渐增加，F/A-18E/F 战斗机数量在逐渐减少，但一时半会儿 F-35C 由于建造速度等原因还不能完全替代 F/A-18E/F 战斗机。

F/A-18E/F 是美国麦克唐纳·道格拉斯公司在 F/A-18C/D 基础上发展改进的舰载战斗 / 攻击机其中 E 型为单座型，F 为双座型，于 F/A-18C/D 相比 F/A-18E/F 加长了机身和翼展，增加了机翼和水平尾翼的面积，增加了载油量和武器，从而加大了航程和作战半径。

自 1999 年 F/A-18E/F 初步形成作战能力以来，美国海军逐渐增加了建造产量，目前总数已达 500 架以上。F/A-18E/F 的整体机型比 F/A-18C/D 加大了 25%；其中包括前机身加长了 0.86 米，机翼翼展增加了 1.31 米，翼跟厚度增加了 2.5 厘米；翼跟前线边条面积增大了 34%，机翼上各操纵面积也都相应加大，整个机翼投影面积增加 9.29 平方米，水平尾翼也相应加大，F/A-18E/F 战斗机上装设两台由美国通用电气公司提供的 F414 型涡轮分散发动机；该发动机是在 F404 的基础上发展改进而来的，单台加力推力约为 98 千牛（9988 公斤力）。F/A-18E/F 的机内燃油比之前者也增加了 33% 约为 1634 千克。此外外部燃油还可增加 1400 千克，从而使整个航程增加 38%，两侧翼下各增加一个外挂点，可挂 520 千克载荷，使全机的外挂点总数增加至 11 个，新型的 F/A-18E/F 战斗机可携带 4086 千克剩余有效载荷（包括燃油和武器）返回和在航母甲板上着落。总之，F/A-18E/F 的最大航程有效载荷和作战能力都得到了明显的提高。起飞总重量也增加了 4500 多千克。当然飞机重量的增加集体的加大，也会带来一些新的问题，例如惯性增大。据 F/A-18E/F 首席试飞员介绍因 F/A-18E/F 机体增大导致其敏捷性降低，从而导致惯性有所增大；为了克服这种惯性改善飞机的机动能力，F/A-18E/F 的操纵面相应扩大，偏转角增加，驱动力和偏转速度也有所提高。

F/A-18E/F 为了节省飞机的结构重量，取消了机背上的减速板，主要依靠方向舵和襟翼的偏转来代替，为飞机的着陆进行气动减速，从而使飞机尽快地着落，停止下来。在边条翼之上，设有扰流片，可以对编条涡起一定的控制作用。F/A-18E/F 战斗机在飞机控制基础上，完全采用电传操纵，此举有利于减轻飞机的重量降低操纵的复杂性和减少费用，采用电传操纵系统，完全可以将飞机设计成静不稳定，通过控制飞机在靠近平衡点飞行；为此，该战斗机采用了 4 台数字式飞行控制计算机，9 个独立电源，而 F/A-18C/D 型战斗机只有 3 个独立电源。

F/A-18E/F 战斗机还采用了激光陀螺惯性导航系统，当飞机的迎角超过 25 度时便可自动检测飞机侧滑。由于该机采用了很大的操纵面提高了滚转动力，且重新设计了前缘便条，改善了俯仰性能，因此当该机迎角增加到 40 度时还具有机动飞行能力。改进飞机的大迎角特性是为了降低其进场速度，减少动能、有助于舰载机的着陆和减少其结构重量，F/A-18E/F 战斗机经改进之后它的空重从原先的 10884.4 千克增加到 13608 千克，最大起飞重量也从 23541.84 千克增加到 28803.6 千克。为了适应飞机重量的增加，机上的发动机推力将达到 9979.2 公斤级。F/A-18E/F 的着陆重量虽然增加了，但它的进场速度却只有 225 公里 / 小时，由此说明了 F/A-18E/F 的大迎角性能良好。

F/A-18E/F 进一步加大了边条尺寸，边缘为尖拱形而不是"大黄蜂"的 S 型，取消了边条翼刀，机翼上增加了锯齿；放大后的机翼为 F/A-18E/F 战斗机提供了额外的升力，提高了飞机的进场速度。

F/A-18E/F 战斗机的坐舱玻璃罩面积加大了，作舱内平面显示器也由过去 12.7 乘于 12.7 厘米的多用途彩色显示器改为一种新的 20.3 乘于 20.3 厘米，平面彩色战术态势显示器，在显示战术数据的同时，还可显示运动地图。这种现实系统不仅能给飞行员提供很多的态势信息和十分清晰的图象，而且采用了触摸感应的屏幕技术，飞行员只要触摸一下屏幕提示行上的"菜单"名称相应的数据即可调出显示，此举的好处是既简化了操作过程，也降低了鼓掌故障率。此外，在原来的顶部显示器的下方，还新增加了一个前向平面控制显示器，也采用了触摸屏幕技术来代替原先的键位旋钮，F/A 18E/F 型战斗机的后座也有相同的显示系统，它既可与前舱系统接为一体作为教练机使用，也可以通过手控方式生成武器系统指示器。

F/A-18E/F 舰载战斗机的隐身性能主要是通过综合采用各种措施，来减少飞机的外部特征数值，而不是付出昂贵的费用，过于先进的技术，去追求在对方威胁雷达探测中的不可见性。通过降低外部特征质提高电子对抗能力和减少易损系统的使用量等方式使其隐身效果和生存性能大大优于于现役的美国海军其他战斗机。

具体来讲，F/A-18E/F 战斗机在设计建造中主要采取了增加雷达吸波涂层，减少检查口盖数目，调整部件的平面形状，提高中翼、中机身和机翼后缘部位的制造工艺水平，尽量减少飞机表面的不连续性等措施；该机并没有过多的使用，各种新型的复合材料。

F/A-18E/F 中部机身段增加了一个更大的主力油箱，使得内部燃油增加到 6560 千克，从而使得其机上 5 个副油箱，燃油总数可增至 14000 千克；由于燃油数量的增加，使得 F/A-18E/F 又增加了一项功能既作为舰载机的伙伴加油机。

F/A-18E/F 由于外挂架的增加，从而使载弹量提升至 8 吨，并使飞机的着舰重量明显加大（即可携带四吨外挂物着舰）。这在很大程度上解决了 F/A-18C/D 着舰时需要抛掉未用完的弹药才能着舰的复杂问题，避免了较大的浪费，F/A-18E/F 不仅可挂四枚 AMRAAM、两枚 AMI—9

防空导弹，还增加了干扰弹的载量，从 60 发增加到 120 发，F/A-18E/F 具有先进的雷达和电子战系统，并具备一定的隐身能力，配合 AIM120 导弹，并换装了主动相控阵雷达，具有超视距作战能力，该机在执行攻击任务时候，也可以携带 AIM120 导弹，对空中威胁目标实施超视距打击。F/A-18E/F 舰载机的电子设备有 90% 与 F/A-18C/D 型的通用，但增加了改进型火控雷达和机载电子设备，而且可带多种更先进的攻击武器。配合雷达高度表、GPS 导航系统、数字化地图，可以低空高速突防，也可以远距离发射防区外对地攻击导弹，以降低作战的危险性。该机上装备有 ATFLIR 先进的前视红外吊舱，该吊舱采用第三代的红外凝视交平面呈像技术，可以提供导航、目标指示功能、并配备有激光目标指示器。

非同寻常的 EA-18G 电子攻击机

EA-18G "咆哮者" 电子攻击机，是在美国海军 F/A-18E/F "超级大黄蜂" 战斗 / 攻击机的基础上发展研制而成的，这款新型电子攻击机的入役，使得美国海军电子作战和电子对抗能力迅速提高。此前，美国海军的 EA-6B "徘徊者" 飞机飞行速度较慢，电子战性能相对较差，越来越不适应现代和未来海空战的要求；而由 F/A-18E/F "超级大黄蜂" 改进而成的 EA-18G "咆哮者"，不仅具备有 F/A-18E/F 战斗攻击机那样出色的机动性和突出的作战性能，而且机上安装了干扰 "对消" 系统，使之能在施放电子干扰的同时，仍能与己方部队保持正常的通讯联系。

美军历来重视电子战，近些年来越发强调把电子支援和电子对抗视为与火力打击并重的一种 "特殊突击样式"。自从上个世纪 70 年代初以来，美国海军率先装备了 EA-6B "徘徊者" 电子战飞机，并将其用于广泛地用来压制敌电子活动，同时不断获取战区内的情报。海湾战争中，EA-6B与EF-111A和F-4G三种电子战飞机一起组成联合空中编队，近距离压制地面防空火力的制导、瞄准系统和通信指挥控制系统，极为出色地完成了任务，并一役成名。此后十几年过去了，昔日驰骋疆场"三剑客"中的两个——EF-111A与F-4G均已解甲归田，使得EA-6B不得不"单枪匹马"独自承担美海军所有海上作战编队电子支援的重任。

尽管EA-6B"徘徊者"电子战飞机一战成名、威名远播，但也确实暴露出它机动性差、空战能力弱等不少缺陷。更严重的是，"徘徊者"电子战飞机所释放的电子干扰不分敌我，往往是在实施干扰时己方战机的通讯系统同样受到干扰而无法使用。在这之后，随着EF-111A、F-4G等各型电子战飞机先后退役，美国五角大楼遂开始着手决定发展下一代、新型电子战飞机。根据美国海军对新型电子攻击机的要求和未来作战的实际状况，美国波音公司中标。在新研制的电子战飞机上还先后加装了ALQ-218V战术接收机和ALQ-99战术电子干扰吊舱等设备，最终形成一款集电子攻击和战斗攻击于一身的新型电子攻击机。基于舰上装设有多种反侦察和抗干扰措施，因此一些军事专家称其既是当今战斗力最强的电子干扰机，也是目前电子干扰能力最强的战斗机。在2009年的一次模拟空战中，"咆哮者"电子战飞机甚至"击落"了号称全球战力最强的F-22"猛禽"战斗机，打破了后者不可战胜的神话。

针对"徘徊者"做了许多明显的缺陷和不足，美国海军对EA-18G"咆哮者"进行了一系列重大改进，主要包括：加装有源电子扫描相控阵雷达（AESA雷达），重大改进的通讯系统和更强大的打击武器（"咆哮者"共有十个武器挂点，而"徘徊者"仅有五个）。大量的试验和战场实践充分表明，EA-18G"咆哮者"具备很强的战场攻击能力和生存能力，EA-18G"咆哮者"电子战飞机通过安装"干扰对消系统"，从而解决了EA-6B"徘徊者"电子攻击机不分敌我的缺陷。在释放电子干扰的同时，EA-18G可以与己方作战部队或作战平台实施正常通讯。更重要的是，"咆哮者"还装有号称最坚固的联合战术信息分发系统，能采取多种反侦察和抗干扰措施。为了检验 EA-18G"咆哮者"的作战性能美军曾于 2011 年，首次出动"咆哮者"电子战飞机参加空袭利比亚的军事行动；该机不仅通过使用电子干扰，成功地压制了利比亚政府军的防空导弹，而且还对利比亚政府军的坦克部队实施了导弹攻击，从而充分展示了"咆哮者"战机的电子战能力和常规作战的打击能力。

美国海军之所以看重 EA-18G"咆哮者"，除了在于它有出色的电子战能力和常规打击能力外，还在于它可以"轻而易举"地从航母上起飞和降落，而不必受陆基机场的限制。美国海军经过计算和评估，确定其作战范围可以覆盖整个西太地区的全部近海海域；这不仅会对该地区的海空作战的进程产生重要的影响，而且还会对该地区战略态势发展产生重大的变化。

如前所述，EA-18G"咆哮者"的优异之处，不仅在于它拥有一套全新的电子对抗设备，而且还保留了 F/A-18E/F 舰载战斗 / 攻击机的全部武器系统；由此一来，后者优异的机动性能，再叠加上出色与强大的电子对抗和打击威力，取得一加一大于二的效果。不少军事专家对 EA-18G 的电子战能力给于极高的评价，EA-18G"咆哮者"可以通过分析干扰对象的跳频图谱，自动追踪其发射频率，并采用"长基线"干涉测量法，对辐射源进行更精确的定位，以实现"跟踪"、"瞄准式干扰"；此举大大集中了干扰能量，首度实现了电磁频谱能力的"精确打击"。理论和实战均证明，EA-18G 可以有效地干扰 160 公里外的各种雷达设施及其他电子设施，远远超过了任何现役防空火力的打击范围。实际上，EA-18G 电子战飞机与 F/A-18F 战斗机（BLOCK 2 批次）保持有 90% 的共通性；两者最大的改动部分在软件方面。这种通用性无疑将大大降低对后勤和装备保障的压力，同时也大大节省了飞行员完成新机改装训练所需的时间和费用。

EA-18G 电子战飞机还拥有非常强大的电磁攻击能力：凭借洛斯

洛夫·格鲁曼公司为其设计研发的 ALQ-218V（2）战术接受机和新的
ALQ-99 战术电磁干扰吊舱，可以高效地执行面空导弹雷达系统的压制任
务，以往的电子干扰往往采用覆盖某频段的梳状波，但敌方雷达仅仅工作
在若干特定频率。这样的干扰方式，是将能量分散在较宽的频带上，如同
对电磁频谱的"地毯式轰炸"，付出功率代价太大。EA-18G 与上述干扰
方式不同，它主要可以通过分析干扰对象的跳频图谱而自动追踪其发射频
率，采用上述技术的 EA-18G 可以有效干扰 160 公里外的雷达和其他电
子设施。EA-18G "咆哮者"的机首和翼尖吊舱内的 ALQ-218V（2）战
术接收机，是当今世界上唯一能在对敌实施全频段干扰时，仍不妨碍自身
进行电子监听的功能系统。形象地说，ALQ-218V（2）战术接收机既可
以让交谈双方无法交流，同时又可以听清他们的说话；而且 EA-18G 还具
有相应的 INCANS 通信能力，即在对外实施干扰的同时，采取主动干扰
对消技术，保证己方其高频（UHF）通话、通讯的畅通。

EA-18G 机上还有 USQ-113（V）制式装备。它拥有指挥、控制和
通讯对抗、电子支援措施，及通信等多种任务模式，在 VHF/UHF 频段工
作，基本频段 20 至 500M 赫兹，重点频段 225 至 400M 赫兹；通信、监
听和干扰也是其实施电子战的重要方面。USQ-113（V）通讯方式，既允
许进行一般的通话或实施模拟通信欺骗，也可以通过窃听和释放地方的指
挥控制链路，以取得战场上显著的优势。

EA-18G 上的 AN/APG-79 型机载雷达，采用了与四代战机 F-22A、
F-35C、相同的"有源电扫阵列"技术。此举使得 EA-18G "咆哮者"可
以轻易地在使用雷达的其他功能时分出一部分 C/R 单元对敌进行离散的
干扰压制，而这在以往是不可想象的。EA-18G 装备了基于 16 号数据链
JTIDS 联合作战信息分发系统；该系统采用了高速跳频、跳磁、直接序
列扩频和纠错、编码等多种反侦察和抗干扰等措施，是当今世界最为"坚
固"的无线电战术通信系统。时至今日，除了核电磁脉冲武器外，美军自
己也没有能够干扰 JTIDS 系统的有效手段。

"貌不惊人"的 MH-60R/S 直升机

为了取代日显老旧、性能渐差的 SH-60B 和 SH-60F 舰载直升机，美国海军早就决定在 SH-60R 直升机基础上，加紧改进和开发出一种几乎全新、能执行多种任务的 MH-60R 舰载直升机。最初 MH-60R 起了一个颇为响亮的名字——"战斗鹰"，不过经过一番折腾，最终仍被定为与的 SH-60B 直升机相同的名字——"海鹰"。严格地说，MH-60R 并非由单一一家公司设计建造完成，而是由西科斯基公司提供机身，洛·马公司为其提供综合系统。

2001 年 7 月 19 日，第一架 MH-60R 舰载直升机即开始试飞。2003 年 4 月 15 日，洛克希德·马丁公司宣布：海军的多用途直升机 MH-60R 将在加勒比海进行大洋环境下的试验，然后由评估中心完成三周的开发试验。四年后的 2005 年，4 架 MH-60R 试验机正式交付给海军；当月海军完成了 MH-60R 的最终作战评估报告。2006 年 1 月 19 日，美国海军公开展示了首批 4 架洛克希德·马丁公司和西科斯基公司联合研制的 MH-60R 直升机，并且两公司预计将在不到两个月的时间内做出批量生产的决定。

在功能上，MH-60R 舰载直升机集合了美军 SH-60B、SH-60F 两款"海鹰"舰载直升机的优点，可执行反潜战、水面战、水上搜救、侦察、通信中继、后勤运输、人员投送和垂直补给等多种任务。说简单点，MH-60R 属于"能上战场，能下操场"的全能"海战直升机"，适合执行从传统海战到海上安全行动的几乎各种任务。

MH-60R 舰载直升机最大起飞重量 10 吨，最大飞行速度为 267 公里每小时，航程 834 公里；它的飞行高度超过 3000 米，连续作业时间长达 4 小时。这一重量级被各国海军公认为最适合充当舰载航空平台，因为机上配备 2 台发动机，动力强劲，且内部空间宽敞，配备了数字化座舱、航电系统、红外探测转塔，且能搭载吊放声呐、雷达、电子战设备、反潜反舰武器等多种装备。它的"眼睛"——APS-147 多模雷达（MMR）可以自动发现并跟踪 255 个目标，具有逆合成孔径雷达成像、声探测、潜望镜及小目标探测等能力，从而使 MH-60R 可以兼顾远程搜索和近距搜索。MH-60R 还装备了 AN/AQS-22 低频可调声呐、雷锡恩公司的 AAS-44 前视红外雷达、洛克希德·马丁公司的电子战支援系统等。该机的导航系统装备了双冗余全球定位惯性导航系统、多普勒战术导航系统以及卫星通信系统。综合自我防御系统（ISD）包括威胁确定、最佳反击手段响应、浮标式或者拖曳式雷达报警接收机、激光报警器。MH-60R 直升机的决策支持系统包括：活动语音分类，自动窄带检测、跟踪、分类，原地点环境更新，传感器优化，不定地域判定等。出于海上作战的需要，MH-60R 还携带有多种武器：AGM-119 企鹅反舰导弹、AGM-114 "地狱火"反坦克导弹、MK-46 鱼雷、MK-50 鱼雷，以及一挺 7.62 毫米或 12.7 毫米机枪。

近些年来，MH-60R 舰载直升机相当地"抓人眼球"。2015 年的一天，伊朗一架固定翼军机在波斯湾与美国海军的 MH-60R "海鹰"直升机险些相撞，两机最近相距不到 50 米。这起事件的确让 MH-60R "火"了一把，作为美国舰载直升机的"新锐"，MH-60R 频频跟随美军出没于全球热点地区，并逐步被推销给美国的盟国。如今，澳大利亚海军已将该机部署到"堪培拉"级两栖攻击舰上，韩国、日本、新加坡均有意引进，以提升自己的海基反潜和海上巡逻能力。

尽管 MH-60R 直升机的性能相当先进，但美国海军依然从 2012 年起，为 48 架配属在"尼米兹"级航母上的 MH-60R 直升机彻底换装雷锡恩公司研制的"空基低频声呐系统"（ALFS）。这种声呐的水下目标识别、跟踪、定位、声学拦截、水下通信等功能更为先进，也更为强大，尤其适合在声学环境复杂的浅海水域搜索隐蔽潜航的潜艇，有助于航母编队在执行濒海作战任务时可靠地防范敌方潜艇的攻击。

不仅如此，美国海军还与 L-3 通信公司签订了一份价值 2790 万美元的合同，决定研制一种通用数据链，用于保障 MH-60R 直升机与军舰之间的宽带数据链接，并为今后水面舰艇同时操作 MH-60R 直升机与无人机提供便利。目前，美国海军已尝试在"自由"级濒海战斗舰上同时部署 MH-60R "海鹰"直升机和 MQ-8B "火力侦察兵"无人直升机，并由两者交替执行海面侦察巡逻和反潜任务。"火力侦察兵"可以有效弥补 MH-60R 直升机在航程、续航时间方面的短板，使军舰的海上监视能力得到增强。

2007 年美国海军接收了第一架 MH-60R 原型机，目前已进入该型机 MK3 版本。目前，美国海军已列装 160 架 MH-60R，并部署到 13 个舰载直升机中队。此外，美国还向澳大利亚出口 24 架，向丹麦海军出口 9 架（预计在 2018 年完成交付）；韩国订购 8 架、卡塔尔订购 10 架。日本也在考虑引进 MH-60R 直升机。

MH-60R 虽然先进，却已是"明日黄花"，习惯"体验新品"的美国海军已经开始研制下一代反潜直升机，西科斯基公司在 2014 年 8 月通知海外用户，其 MH-60R 生产线计划在 2016 年关闭（之后将只出售民用版的 S-70B 直升机）。

总之，MH-60R 与传统的舰载直升机存在着很大的不同，不仅可挂装鱼雷执行反潜任务，而且可装备"海尔法"重型反舰 / 反坦克导弹攻击导弹艇、轻型护卫舰等移动的水面目标。更重要的是，它既用于反潜和反舰作战等作战行动，也可用于搜救和运输等大量非战争军事行动。因而，MH-60R 称得上是一款名副其实的多功能舰载直升机。

察打一体的 X-47B 无人战斗机

在美国"福特"级航母搭载的多种新型舰载机中，有一款十分耀眼的舰载机，它就是近年来名声日隆的 X-47B 察打一体无人机。

往前追溯，X-47B 无人机的前身是 2000 年美国国防高级研究计划局和美国海军资助诺·格公司研制的 UCAV-N 研究型无人战斗机。2003 年，X-47A "飞马"无人机成功地实现了全尺寸样机的首飞。此后，美国国防部将海军的无人战斗机与空军的无人战斗机项目合并，启动了"联合无人战斗机"项目，主管机构为国防部高级研究计划局。该项目主要目的在于发展可同时满足美国海、空军需求的新一代空中无人作战平台；其中，空军计划将其用于压制敌防空作战，而海军则打算首先作为情报、监视与侦察平台使用，然后再演变为监视与打击多用途平台。最初，美国军方一些人还认为"联合无人战斗机"的作用主要是为航母的有人驾驶飞机和远程精确制导武器提供持久监视侦察和目标定位支持，并通过螺旋式发展，实现压制敌防空与打击能力，与有人驾驶飞机、航母空中交通管制、甲板作业及航母的 C4ISR 体系无缝连接。

进入到 2006 年，鉴于在领导角色、资金提供及项目发展方向等方面，美国海军与美国空军实在无法达成一致，最终导致"联合无人战斗机"项目宣告终止。

此后，美国海军分享了部分资金，并启独立动了"无人战斗机 - 演示"的发展项目。不久，美国国防部再次指示海军"开发更大航程，且能够进行空中加油的舰载无人战斗机，以具备更强的防区外作战能力，增大载荷和发射能力，增强海上抵达与持久能力"。美国海军在启动"无人战斗机－演示"项目后，将首要目标调整为：演示在航母上操作无尾翼、无人操作的隐身战斗机的技术可行性；同时，对航母舰载无人战斗机提出了相关的要求：可靠优异的隐身性能，尽可能大的航程，出色的情报、监视与侦察能力，武器搭载量为900千克。

根据这些基本要求，诺·格公司和波音公司在"联合无人战斗机"项目原有的基础上，分别提交了"无人战斗机－演示"机型的提案，仍然沿用了20吨级无人机的设计思路。2007年5月，美国海军最后选择并确定了诺·格公司的X-47B方案，并授予最终的研制合同，提出为期六年的航母搭载无人机可行性研究。在严格的具体合同规范下，由诺·格公司先研制的两架X-47B演示验证机，接着在航空母舰上进行起降验证，以便为未来的全尺寸X-47B无人战斗机的开发工作奠定强有力的基础。从2007年到2013年，美国海军共为X-47B无人机拨款18.8亿美元，其中包括15亿美元的航母适应性验证费，3.4亿美元的额外技术成熟度提高专项经费等。

对于X-47B舰载无人战斗机的采办工作，大致可以分为两大阶段：一是技术成熟阶段，二是研制和列装阶段。技术成熟阶段的核心工作，就是"无人战斗机－演示"项目。在此阶段，除了开发无人战斗机在航母上作业所需的各项技术外，还要发展无人战斗机执行作战任务所需的其他相关技术。为此，美国海军需要进行任务公正验证，并继续在2013年完成"航母进场控制作业、发射与回收、甲板作业与保障性"的演示。这些任务包括航母弹射器发射与拦阻降落、航母控制空域的作业，甲板加油与排出存油、航母升降机运送与待命、与航母的信息通讯系统的任务规划与集成，其重点是航母飞行甲板操作与飞行作业。应该说，起初"无人战斗机－演示"项目的进展并不顺利，美国国会在2007年预算中将海军提出的2.39亿美元的资金，申请削减为1亿美元，致使该项目不得不重新调整进度安排。

到了2008财年，这种不利的进度安排出现了转机：美国海军提出的预算申请获得了全额批准。2008年12月16日，首架演示机，即一号样机的研制完成，并正式与公众见面。该无人机采用普拉特·惠特尼公司生产的 F100 非补燃发动机，其机载燃油为 7700 千克；在具备自主空中加油能力后，其留空时间将超过 50 小时。为了降低"无人战斗机－演示"项目的成本，诺·格公司提出：在进行导航和通信测试时，用有人飞机替代 X-47B 无人战斗机；在技术演示、甲板飞机操作和自主空中加油测试时，使用体积较小的 X-47A "飞马型"无人机；全尺寸的 X-47B 原型机将在现役航母上着舰和弹射起飞等甲板作业中使用。2009 年至 2010 年，诺·格公司对一号样机子系统和机身结构进行了初期的组装和测试，并完成了为期 6 周的结构改装。2010 年 6 月初，诺·格公司对一号样机进行了低速和中速滑行实验，为即将进行的高速滑行测试做进好先期准备。与此同时，二号样机的研制工作，也随之展开，计划在 2011 年中期下线。此外，由诺·格公司为首的美国工业团队，还开展了一系列无人战斗机的关键技术研究，包括自主空中加油、先进的任务管理和控制系统、保密宽带数据链高效和超高可靠性的推进系统；微型动能武器、定向能武器、先进传感器、自主化目标锁定工具等；为了 X-47B 设计的舰上和空中加油控制软件，也与 2010 年由经过改装"空中之王"有人驾驶试验机和 F/A-18 战斗机进行了替代实验，并完成了在"林肯"号和"艾森豪威尔"号航母上的试验。上述"空中之王"试验机主要用于模拟 X-47B 的飞行线路试验及与母舰的数据通讯设施，F/A-18 则作为模拟高速飞行的平台。2011 年 2 月，X-47B 成功首飞之前，美国海军曾两度推迟了试飞时间。首次试飞推迟是由于技术原因：该机在推进装置、发动机点火和声学信号特征地面测试的表现不尽如人意；而第二次试飞推迟则是出于慎重原因考虑，无人战斗机项目组决定最终在试飞前对系统的软件部分再进行一次全方位的审查，从而将首飞时间推迟到 2011 年的第一季度。

2013 年 5 月 14 日上午 11 时 18 分，美国海军 X-47B 无人作战飞机验证机，在弗吉尼亚州附近海域从"布什"号核动力航母上成功地进行了首次航母弹射起飞。该机完成了数次航母低空进场动作之后，通过切萨皮克湾，安全降落到马里兰州的帕图克森特河海军航空站，整个飞机过程持续了 65 分钟。这是美国无人作战飞机的一个发展进程中的一个重要里程碑，表明了该项目正稳步地向前推进与发展。

由诺·格公司研制的 X-47B 无人机采用无尾飞翼布局；机长 11.63米、翼展 18.92 米，折叠后 9.4 米，高 3.1 米；空重 6.35 吨，最大起飞重量 22.2 吨。安装一台非加力式 F100-PW-220U 涡扇发动机，最大推力约为 8 吨；最大速度 0.9 马赫，巡航速度 0.7 马赫，最大航程约 3900 公里。

与舰载有人驾驶战斗机相比，X-47B 无人机具有非常突出的特点：一是体积较小。X-47B 机长 11.64 米，翼展 18.93 米。二是飞行航程较远。该机在不进行空中加油的情况下，最大航程近 4000 公里；该机从夏威夷起飞，可以直接飞抵部署在第一岛链附近海域的美军航母上，或直接从大西洋美国海岸基地直接飞达地中海中部。三是隐身性好。该机采用最新的隐身设计，去除掉尾翼，加之体积比较小，因此非常有利于隐身；其机翼和尾翼的外形都有利于隐身性能的提高，能够更好地规避长波段雷达在内的各种探测系统的侦测。四是打击威力较出色。X-47B 可外挂，武器载荷接近两吨，能够在广阔的空域范围内执行持久监视、侦测、打击与空中巡逻等作战任务。五是占地面积小，维护要求较低。X - 47B 的机长只有F/A - 18E/F 的 67%，在面积极其有限的航母飞行甲板上，高度智能且身形扁小的 X - 47B 不仅所占空间少，而且可节约很多人力。六是不受人员耐力的限制。由于 X-47B 无人战斗机的持久性不受人员耐力的限制，因此使用空中加油，能够持续飞行 50 到 100 小时，能够在广阔的空间范围内执行持久监视打击和空中巡逻等作战任务。

按照美国海军当前及今后的发展计划，未来美国航母将同时发展与装备有人战斗机和无人战斗机；并通过两者有效的结合，提高美国航母舰载机联队的情报、监视与侦察及打击能力。未来美国航母的舰载机种类主要有：44 架 F-35C 或 F/A-18 有人战斗机、8 至 10 架 X-47B 无人战斗机，5 架 EA-18G 电子战机，5 架 E-2D 预警机，以及 19 架 MH60R/S 舰载直升机。这些机种的搭配与转变，使得舰载机的出动架次率、控制范围，以及完成任务多样性与持久性，都将呈现明显的提高。未来在战役前期，美国海军将在现有兵力武器无法接近的区域上空，率先派出 X-47B 察打一体无人战机，施行先期情报收集、空中侦察与监视等任务；并在大大减少风险的情况下，执行前期压制敌防空系统和摧毁敌防空系统，以及精确打击重要目标。X-47B 无人战斗机上将配备精确的 GPS 系统，"战术目标网络技术"数据链和联合精确着舰系统。凭借这些先进的系统，X-47B 无人机将具有从航母上弹射起飞和自主拦阻降落的能力。

X-47B 无人机能够携带 12 枚精确制导炸弹或两枚"联合直接攻击弹药"，今后该机还能携带电子攻击系统和空中加油设备。X-47B 无人机独特的构造，例如该机的无尾翼设计可实现原地 360 度转向，从而优化了它在航母机库和飞行甲板上的移动和操作能力。与有人战斗机相比，X-47B 无人机大大节省了机库甲板空间。此外，X-47B 无人机以极低的垂向高度，使其能在机库的空间内进行吊挂作业；它能比有人飞机更方便地更换发动机，从而具有了在保养方面的突出优势。从机库向甲板移动时，每部升降机每次可运送 3 架 X-47B 无人机，从而确保了作战节奏快捷，提高了作战效率。此外，X-47B 作为无人驾驶平台，可以适应危机前大量的侦察任务和冲突中的高强度作战，并且具有作为网络化空中节点执行多机作战的能力。比如，X-47B 可用于对地面和海面的目标情报进行收集、监视和侦察，以及目标的定位和通讯；对"时间敏感"地面目标的打击、海上拦截反潜作战、编队防空，以及防御巡航导弹和弹道导弹。还有一点很重要的是，X-47B 引入了自主操作概念，所以在航母上起降时除需要联队控制外，从进入战区、展开行动到撤离战场的整个过程，都将在控制源的监视下自主完成；这既降低了人员训练的复杂程度，也省去了岸上训练环节，使整个系统的总费用大幅削减。

X-47B 试飞着舰成功后，"无人战斗机-演示"项目组在其后一段时间内继续为航母操作测试进行准备，以完成模拟环境下的航母着舰演示和航母实地测验，并最终实现海上航行状态下的航母引导着舰和全周期甲板作业试验。全部的试验包括在航母上进行弹射器起飞和拦阻降落试验，航母、控制区内的自主飞行试验以及在航母飞行甲板上的精确滑行试验等。

可以说，曾经有一段时期，美国海军决策者最为担心技术和安全难题是："福特"级航母如何确保无人战斗机准确、可靠地降落在航母甲板上。根据美国航母实际操作经验，无人舰载机损失大多发生在遥控降落阶段。目前，美国海军航母的自动着舰系统，远不能满足在航母上使用无人机的要求。按照美国海军的基本要求，X-47B无人战斗机的自动着舰失败率应低于1%，而相当一段时期X-47B无人机自动着舰系统的实际失败率约为25%。近年来，曾在X-47B验证机平台竞标中失败的波音公司，也在积极开展相关的技术和系统研究。2007年，波音公司宣布正在使用F/A-18E/F"超级大黄蜂"支持未来舰载机起降技术和系统的研发，寻求未来X-47B无人战斗机在航母上的自动降落技术与空中交通管制的能力。据波音公司透露，该系统将配备任务管理系统，在当前航母打击群最典型的24小时连续行动中，将与无人驾驶飞机的控制与降落进行集成。此外，波音公司还开展了将竞标空军KC-45空中加油机的空中加油软管技术，同时开发用于X-47B无人机加油的研究。

2012-2014年"无人战斗机-演示"项目进入系统发展与演示阶段。在"无人战斗机-演示"项目获得成功的情况下，航母舰载无人战斗机的开发和验证工作已正式开始，首个X-47B无人战斗机飞行中队，预计在2020年后具备初始作战能力。在该项目进行演示阶段前一个很重要的前提，就是必须保证所有的关键技术都已发展成熟。实验和演示表明，要实现无人战斗机跟随航母征战全球，仍有很长一段发展过程。

为了实现无人作战飞机上舰，美国海军多年来一直在推进电磁弹射起飞系统、联合精确进场与着舰引导系统、先进拦阻系统、新型空中交通管制语音识别系统等一系列相关技术的研发。实际上，无人作战飞机在航母弹射起飞前首先要确保与弹射器的准确对接。目前，诺·格公司已开发出无人作战飞机在航母飞行甲板上作业的关键设备——控制显示设备（CDU）。这套控制显示设备是一种先进的手持式无线电控制设备，由飞行甲板人员操控可远程精确控制无人机移动到弹射起飞位置，然后使飞机与航母拦阻索脱离，同时将飞机快速移到着舰区以外。2012年11月29日，在帕图克森特河海军航空战，作业人员使用CDU设备操控X-47B成功模拟了在航母上的移动操作。

随着X-47B为代表的无人机及其相关技术的不断发展，将对美国海军的航母作战能力、海空力量的构成、作战行动模式等产生一系列重要影响，具体体现为以下几个方面：一是无人作战飞机由于不受驾驶员的生理因素制约，以及不需要担心人员的伤亡，作战能力将会得到大幅度的提升；换言之，无人作战飞机将可以执行更加危险和更加重要的作战任务。二是X-47B无人作战飞机采用了十分先进的隐身设计方案；从目前美国海军公布的资料来看，一般情况下的连续飞行时间可超过9小时，且能在万米高空进行持续、不间断的情报、监视与侦察等任务。三是通过有效应用X-47B无人作战飞机，可进一步提升美海军航母打击群的战场感知能力，提高航母编队的总体作战能力。此外，X-47B的航程（不进行空中加油）约4000公里，表明舰载无人作战飞机作为美国海军有人作战飞机的重要补充，具备支撑"空海一体战"进行远程纵深打击和远程封锁等能力。

根据美国《海军航空兵力量构想》，到2025年之前，美国航母舰载机联队的空中攻击力量主要包括F-35C"闪电Ⅱ"战斗/攻击机、F/A-18E/F"超级大黄蜂"战斗/攻击机、X-47B无人作战飞机等。在2025年之后，以X-47B为代表的无人作战飞机，将会逐步取代F/A-18E/F战斗/攻击机，与F-35C共同构成航母的战斗机飞行中队。由于X-47B的机型相对较小、吨位相对较低，因此航母搭载的舰载机总体数量将会有所增加，从而进一步丰富航母舰载机编组的形式。不仅如此，由于X-47B无人作战飞机的加入，将使美国海军作战样式发生巨大的变化。正是由于上述无人作战飞机的快速发展，使得美军可在各种复杂作战环境和电磁条件下，应用无人作战飞机和有人作战飞机其他平台，组成灵活的作战编组，来承担各项使命任务；尤其是无人作战飞机未来可能被用于对抗敌方的中程反舰导弹所构成的威胁，从而使美国海军的作战样式和战术应用发生巨大的变化。此外，美航母由于携带了作战半径更大、作战威力更强的无人作战飞机，将使其可远离敌方海岸，降低敌方陆基反舰火力的威胁。

尽管 X-47B 无人作战飞机的各项进展比较顺利，即将成为未来美国"福特"级航母空中作战力量的重要装备之一，但其仍将面临多方面的挑战：首先，X-47B 无人作战飞机的作战性能仍有待进一步的验证。到目前为止，该无人机的战技术性能，仅停留在验证机的水平；通过分析，美国海军近年开展的试验项目，主要是演示航母能否有效弹射起飞和回收着舰这种无人机，并对自主空中加油等关键技术进行验证。X-47B 无人机的生存能力、编队协同作战能力、抗干扰能力等仍有待于进一步的试验测试与验证。其次，自主控制系统仍面临一定的技术难题。总的来看，X-47B 无人作战飞机在自主控制方面，迄今依然面临着一系列的问题，例如该无人机自主着舰系统能否确保其安全进场与着舰，并自主快速从着舰区离开，无人机自主规律系统能否确保 X-47B 在航母上起飞和降落阶段，避免与其他舰载系统和设备发生冲突，以及在空中加油过程中能否与加油机实现自主交会对接等。再次，根据美国海军公布的技术资料显示，X-47B 搭载的是普·惠 F100-PW-220U 无加力涡扇发动机，是在 F100-PW-220/220E 基础上研发的一个衍生的型号；但目前美国海军没有大批量采用该系统的发动机。因此，这种发动机的战技术性能有待进一步验证和改进，同时采用这种发动机将使 X-47B 的后勤保障面临着一定的困难。

"无人空战系统验证机"项目虽已结束，但美海军是否大批量采购和装备 X-47B，实际上仍存在一定的变数。早在 2010 年 3 月，美海军发布的"航母无人空中监视与打击系统"项目信息邀请书后，诺·格公司、通用原子公司、波音公司、洛·马公司等都参与该项目，并在 2011 年分别获得了一份初步研究合同。因此，诺·格公司的 X-47B 方案，能否最终装备"福特"号航母尚存在着不小的问题。

在多年研制验证的基础上，美海军 X-47B 无人作战飞机的各方面技术日趋成熟，即将进入型号研制阶段，并计划在 2025 年成为美航母主战飞机之一。

今后，针对一个具有相对完整防空体系、较强防空作战能力的国家时，美国首先会采取持续的电子侦察行动，来查清对方防空网的部署，并不断地派出无人机刺探防空网的能力和弱点，寻找对方防空系统的重要节点。开战时，美国将首先通过实施大规模的导弹和无人机进行攻击，破坏敌方的防空网，为己方攻击机群打开空袭通道。之后，便投入批量隐身无人作战飞机配合有人作战飞机，投射远程导弹对对方指挥中心、通讯枢纽、远程雷达战等重要目标进行攻击，降低敌整体的作战能力。

紧接着，再通过持续不断地对敌区重要区域和目标的侦察，以及对时间敏感目标的快速打击，持续压制敌方修复防空系统的努力，造成对方防空体系的彻底瘫痪。在这一突袭过程中，隐身、长航时的无人飞机，通过合成孔径雷达、光学 / 红外传感器和电子侦察设备负责对目标进行侦察、监视，并通过通讯卫星或中继节点，将相关的数据传回后方控制站，以进行信号分析和目标识别，再由指挥中心汇总各方情报形成完整的战区态势图；并共享给己方作战指挥中心或相关平台。隐身作战飞机一方面作为高效能的侦察平台、区域无人机控制和信息处理中心，增强空基侦察监视网，对重点目标和区域的监视、抗干扰及灵活反应能力。另一方面，作为空战平台和反辐射攻击平台，打击敌方防空网的关键节点，保证其他平台的活动安全。

与传统空袭模式最大区别是，上述作战模式在以往的空袭作战中，由于进攻方战场感知方面居于劣势，航空管制和后勤保障也不能跟进支持，因此进攻方对敌方纵深发动的攻击行动往往都是不连续的，而是由单独的攻击波组成。通过将进攻兵力汇总成在时间和空间分布上都有限的"攻击波"，减少空勤保障劣势下，在敌我识别上的难度，缩小在局部时间和空间上与防御方的空勤保障能力的差距，从而减少己方兵力的损失。除非敌方防空体系已经彻底崩溃或根本不存在威胁，例如伊拉克战争或阿富汗战争期间，美军或以美国为首的联军才敢于将战斗机在时间和空间上分散派遣进入战区。

对战场空间的侦察监视范围，由于存在时间差的关系，因而十分有限，所以防御一方总是可以找到时间或空间间隙重新进行兵力的替换、调整、补充和修整，从而一次次地重建与重构防空网，使战争成为持续性的消耗战；只要防御方拥有坚定的作战意志和持续的物资补充，就能够打赢这场战争。1999 年的科索沃战争中，南联盟之所以被北约空军击败，是因为北约摧毁民用设施的速度远远超过南联盟重建的速度，从而使得南联盟国民丧失了最低的生活保障，导致战争最终难以接续。

大量采用隐身战机所形成的全新作战模式，是要求进攻方将防御方的整体作战能力降到一定程度之后，能够在部分区域内取得与防御方接近和相当的空勤保障能力，从而能够在大时空范围内持续部署己方的作战平台，进行不间断的监视和进攻，遏制敌人在划定区域内的兵力调动和物资运输，持续削弱重点区域内防空网和其他作战兵力，阻止其重建防空网的努力，使重点区域的防空网迅速崩溃。

X-47B 无人战机可以"冲进"敌方控制的区域进行长时间的巡逻，而不用担心被敌方发现和跟踪；即便被对方击落，也不存在飞行员的伤亡，以及营救和事故补助等附加成本。航母打击群搭载批量 X-47B 无人机后，能够在距离海岸线 1500 公里以上的海域，放出攻击波，其机群可以在敌方纵深 1000 公里的区域内，持续巡逻 12 个小时以上，单个攻击波飞行时间约 18 个小时；每天两个攻击波即可持续 24 小时在目标区域内猎杀目标。这一作战方式，将十分有利于打击弹道导弹发射车、机动增援部队、后勤补给部队等"时间敏感目标"；如果携带侦察吊舱或者侦察载荷进行侦察、监视、引导、打击效果评估等任务，航母打击群将首次具备独立的持续监视能力，并可以更好地引导战斗群内搭载的"战术战斧"巡航导弹、炮射制导炮弹等火力去打击"时间敏感目标"。

当前，美国"尼米兹"级航母现役各型作战飞机中，例如 F/A-18A/B/C/D 均处于全寿命周期的退役阶段，正分期逐步被替换；其中 F/A-18E/F 是正在服役的主力。在未来 15 到 20 年之内，F/A-18E/F 将与 F-35C 共同作为航母舰载航空兵的主力，而 F-35C 的部署进度已经推迟；且在研制过程当中问题不断、成本持续攀升，美国国防部和海军已经多次重新评估采购该型战斗机的必要性，以及替代型号等相关问题；但是，如果不换装隐身飞机，美国海军将难以在 2020 年后的高强度局部战争和全面战争中获取明显的优势。看起来，F-35C 要远比 F-35B 安全，不过 X-47B 成熟后的命运目前还不能确定。

为了弥补现时舰载机群数量的严重缺口，美国海军的另一项选择是加快 F/A-18E/F 采购速度，或取消部分 F-35C 的项目，保留海军陆战队的 F-35B，并部署于航母来执行攻击任务，担负舰队防空任务。加速 X-47B 工程型号的研制，争取在 2020 年前后服役具备超大载荷和航程的隐身无人攻击机，作为航母打击群的主要攻击力量，并与 F/A-18E/F 共同部署。这样，不仅可以解决美航母舰载机大批到寿命后，存在着数量严重缺口的问题，而且能够在 F-35C 项目当中，节省数百亿美元的开支，同时毫不影响 F-35 的出口。此外，还可以大幅度增强航母打击群在高强度战争中的生存能力和对世界其他国家的打击能力。

不过，如果到时候美国海军仍然依赖卫星或其他中继节点进行遥控指挥，那么其作战效能就不可能得到可靠和稳定的发挥，也就无法取代有人攻击机。在隐身无人攻击机成熟前，美国海军可以采购 F-35B 来执行对地攻击任务，毕竟该机在标准载荷下也拥有 830 多公里的作战半径，和 F/A-18F 战斗机相当，略低于 F/A-18E 的 920 公里作半径。但前者作为临时过渡，性能已基本足够。

倘若从 X-47B 无人机的气动设计和发动机的选择来看，其航程数据明显偏小。根据飞机航程计算公式，其航程与飞机的升阻比、机内载油系数、飞机巡航速度成正比，与发动机巡航耗油率飞机重量成反比。采用双折、前缘、后掠飞翼设计的 X-47B 无人机明显是为了增加航程，而牺牲了隐身性能，因此其巡航升阻比不大可能明显偏低。

X-47B 的空重只有 6.35 吨，最大起飞重量却能达到 20.2 吨，有效载荷可达 13.8 吨。该无人机采用隐身设计，所有武器和燃油全部内置，甚至没有外挂架，因而武器载荷的重量大约 2 吨，那么内油重量约在 10.5 吨左右，载油系数（内油重量）/（内油重量＋空重）高达 0.61。F100-PW-220U 涡扇发动机的平均推力耗油率为 0.7 千克 / 千牛·小时；根据计算，X-47B 不携带武器时最大起飞重量约为 17 吨，其中燃油 10.6 吨，平均飞行重量 11.7 吨，此时 F100-PW-220U 发动机每小时耗油 0.46 吨，燃油可支持发动机工作 23 小时；即便考虑起飞和降落阶段额外的燃油消耗，也在 21 小时以上；以 X-47B 约 0.7 马赫的巡航速度，航程约为 17600 公里，远大于公开资料里的 3900 公里。

在 X-47B 无人攻击机的基础上增加电子设备，强化机体结构，能使空重增加到 8 吨，其他参数保持不变。在这种情况下，该无人机滞空时间，约为 18.5 小时，航程约 1.55 万公里；携带两吨武器弹药时，它的航程约为 1.42 万公里，对地攻击作战半径约为 5000 公里。

由于 X-47B 无人机没有飞行员，加之超长的续航时间、巨大的航程、优异的全向隐身能力，是其区别于其他传统航母舰载机的四个重要特征，因而使其能够在敌打击范围之外发起攻击，从而保证自身的安全。另一方面，X-47B 无人机能确保航母打击群在敌方纵深空域内进行维持长时间的航空侦察和打击能力，能给敌方军事力量造成结构性的破坏与崩溃。

通常，美国海军"尼米兹"级航母搭载有 42-44 架 F/A-18 系列战斗机、5 架 E-2C 预警机、4 架 EA-6B 或 EA-18G 电子战飞机，以及 6 架 SH-60 直升机。随着未来 F/A-18A、F/A-18C 等系列飞机的陆续退役和 F-35C 的逐步列装，美国海军计划将现有的约 44 架 F/A-18 系列战斗机，逐渐替换为 22-24 架 F/A-18E/F 战斗机和 22-24 架 F-35C 战斗/攻击机。其中，具备很强隐身和大航程特点的 F-35C 主要用于执行对空、对地/对海等多重作战任务，而 F/A-18E/F 主要承担制空作战任务。

在可预见的未来，由于 X-47B 无法承担空战任务，因而暂时无法取代 F/A-18E/F 执行防空拦截任务，只能部分替代同样为隐身作战飞机的 F-35C。所以，在比较航母搭载 X-47B 前后的作战能力变化时，不能以航母全部搭载 X-47B 为前提，而是比较其部分替代 F-35C 后所带来的不同。F-35C 战斗机机长 15.7 米，翼展 13.1 米，折叠后翼展 9.36 米；X-47B 长 11.63 米，翼展 18.92 米，折叠后翼展 9.4 米。当飞机停放在航母飞行甲板和机库中时，只要不在机翼折叠段挂载武器，就可以不考虑折叠段机翼展开所需的空间；只需按照折叠后的翼展排列飞机，那么 F-35C 和 X-47B，都几乎不考虑在机身外部携带武器。由于后者的长度相对 18.3 米的 F/A-18E/F 和 15.7 米的 F-35C 大幅度缩小，因此 X-47B 在同样空间内可停放得更多，总搭载量会有明显的增加。

最大的回收能力，是航母上决定舰载机出动能力的上限和舰载机联队规模大小的重要因素；如果回收能力显著提高，必然可以明显增强航母的攻击能力。X-47B 具备超长的续航时间，能够容忍更多飞机回收所需延长的降落等待时间。在分波出动作业中，"尼米兹"级航母一次可出动 45 架 X-47B，同时在飞行甲板右舷中部停放 4 架 F/A-18E/F；连续波出动作业时，可出动 39 架 X-47B，此时飞行甲板右舷中部还可停放 9 架 F/A-18E/F。在回收作业中，前部停机区可回收 50 架 X-47B。如果搭载更大航程的 X-47B，将能使航母远离敌方的攻击范围，从而减少对航母舰载战斗机的需求。这种情况下，"尼米兹"级航母可以将舰载机航母调整为 12-16 架 F/A-18E/F 和 55 架 X-47B。在连续波作业中，可出动 2 个由 19 架机组成的攻击波；在分波作业中，可出动一个 45 架 X-47B 无人机组成的攻击波。

"尼米兹"级航母搭载 F/A-18E/F 时，分波作业的最大攻击波可包含 38 架 F/A-18E/F、两架 E-2C/D 预警机和两架 EA-18G 电子干扰机，且最短出动时间为 26 分钟。在连续波作业时，"尼米兹"级航母可出动两个攻击波共计 30 架飞机，单个攻击波出动时间约为 15 分钟；两个攻击波出动间隔约为 55 分钟，两个攻击波从出动到回收的时间约为 2.5 小时。

考虑到风向变化、航母起降飞机编队等待时间、规避敌方防空火力区、机动飞行额外油耗等因素，舰载攻击波的作战半径不可能达到单架飞机的水平，实际应用中通常只有 50% 左右。例如，一个 40 架飞机组成的攻击波，最快出动时间为 26 分钟，最快回收时间为 30 分钟；这意味着每架飞机要额外消耗半小时的油耗，用于起降飞机编队。按照 900 公里 / 小时巡航速度，这意味着减少了 200 公里的作战半径。因此，在不进行空中加油的情况下，美国航母舰载机的实际作战半径约为五六百公里。在位于伊朗和巴基斯坦半径以南 200 公里的阿拉伯海域，美国航母打击群可打击距离不超过 250 公里的伊朗东南部哈赫巴哈尔军港；一艘航母可在 24 小时内出动 6 个连续攻击波，总计约一二百个攻击架次。但 F/A-18E/F 或 F-35C 的打击范围，仅能覆盖伊朗东南部 200 公里的区域，尚不能涵盖霍尔木兹海峡，还必须依赖空中加油机的支援，才能打击波斯湾沿岸的目标。当美国"尼米兹"级航母搭载 F/A-18E/F 或 F-35C 时，打算攻击中国东南部沿海地区时，美航母打击群必须位于琉球群岛以西到巴士海峡南部的狭长带状海域，距离中国海岸线约 500 公里，很容易被对方的战役侦察手段提前发现并遭到攻击；即使其能够隐蔽抵达攻击位置，也会因舰载机群攻击时必须靠近中国海岸线而遭到反击。

如果搭载 X-47B，航母打击群可在位于日本东京以南、台湾以东的西太平洋海域发起攻击，其打击范围可以覆盖整个中国东南沿海地区。如果执行打击距离为 2200 公里的远距离目标时，X-47B 往返飞行时间为 7 小时、起降和编队时间为 2 小时、战场攻击时间为 0.5 小时，则每架次需要花费约 10 小时的时间；再考虑到飞机检修、维护和加油、挂弹所需的时间，其出动频率约为 1.5 架次 / 天；每架次之间有 6 小时的时间间隔。按照这一出动频率，假设搭载 55 架 X-47B 的"尼米兹"级航母上的飞机出动率为 90%，那么每天可以出动飞机约为 75 架次。当执行打击距离不超过 220 公里的打击目标时，假设 54 架 X-47B 分为两个攻击波出动，每个攻击波 27 架飞机出动时间为 25 分钟，回收时间为 40 分钟，两个攻击波的出动时间间隔为一小时，那么每两个攻击波从出动到全部回收需要 3.5 小时。假设每两个攻击波之间的时间间隔为 3 小时，那么航母打击群每天可出动 6 个攻击波，总计约 180 架次；如果再增加地勤人员编制或者缩短作战时间，那么全天出动攻击波可增至 8 个，总计达到 210 架次；而在同样条件下，F-35C 全天可出动约 180 架次。但是由于没有飞行员的疲劳和伤亡问题，所以 X-47B 无人机更容易增加攻击波数量，提高出动架次。在执行大集中、高威胁目标时，由于 F-35B 和 X-47B 都必须将全部武器挂载于弹舱内，所以两者载弹量基本持平。在实施中低烈度对抗时，F-35C 可以在机翼下增加 6 个挂架，可携挂更多导弹和炸弹，而下一步 X-47B 后继型号是否会增加机翼挂架，还需观察。

　　X-47B 主要优势在于远距离攻击能力，这使得航母打击群能够在敌方战役侦察覆盖范围外发起攻击，具备极强的突然性和隐蔽性，从而彻底避开敌方反击力量，确保航母打击群自身的安全。超大攻击半径，使得航母打击群能够对绝大部分国家的近岸目标发起攻击，同时也能打击其纵深区域目标，彻底摆脱对加油机、预警机、电子干扰机等机种的依赖，使得美海军具备更强的海外独立干涉能力，从而在美国各军种的竞争中占据了更多的主动与优势。

MQ-25"黄貂鱼"无人加油机

不少人认为，美国第一款航母舰载无人机是 X-47B，但严格来说，这个响当当的"桂冠"应该属于 RAQ-25，它的首款服役型就是 MQ-25A"黄貂鱼"。

实际上，早在十年前的 2006 年，美国海军即开始了"黄貂鱼"舰载无人机设计研发工作。不过，美国海军最先只是想发展一款"舰载无人机攻击与打击平台"（UCLASS）；在参与（UCLASS）项目竞争的公司中，先后有波音公司、通用原子能航空系统公司、洛克希德·马丁公司和诺斯罗普·格鲁曼公司。经过数年的投入和发展，经过数年的投入和发展，耗费资金超过 6000 万美元，均已经初具成果：通用原子能航空系统公司采用了与"复仇者"系列相似的气动布局，在航程和载荷上具有巨大优势；波音公司依靠 X-45 系列无人机的技术基础，在验证了飞翼布局气动外形后，进一步发展成"魔鬼鱼"原型机；作为最有可能成为"黄貂鱼"项目的定型型号，诺·格公司研制的 X-47B 虽无法拥有同有人驾驶飞机一样独立执行具有高度灵活性任务的能力，仍有一些技术指标尚未达到要求，现已多次在"尼米兹"级航母上开展起降，充分验证了该无人机系统的稳定性。X-47B 充分满足了美国海军要求具备装载更多武器空间的技术需求，同时飞翼构型升力大、隐身性能好。随着 X-47B 无人机和舰载监视、攻击无人机系统的加快推进，美国海军航母编队的舰载机攻击能力正向无人时代转变。但是，此后美国海军的研究和大量试验证明，X-47B 性能不符需求，也不适合改装为无人加油机。

到了 2014 年之后，其研制方向得以调整，进度也明显加快。毋庸置疑，舰载无人机在情报侦察、信息指挥和近距离打击等领域具有得天独厚，特别是有人机所不具有的优势。由于作战对手打击武器的发展与提高，如今舰载无人机除了要能担负上述作战任务外，还面临着两项新任务：一是配合现役固定翼作战飞机作战；二是承担空中加油等保障任务。美国海军经过评估认为，"黄貂鱼"无人机具备担负上述的潜质，一旦它作为无人加油机问世并投入作战使用后，将对未来海空战产生巨大变革。

如今，"黄貂鱼"舰载无人机已成为美国"联合无人空战系统"的重要组成部分，实际上它是"舰载无人机攻击与打击平台"项目的升级版。多年来，美国海军力图通过使用相同结构设计、不同功能的无人机系统，即在同一型号的无人机上安装不同的作战模块和攻击武器，从而实现单一机型通过简单改装，就能够分别实施目标侦察、指挥预警、精确打击、空中加油等多种作战任务。这也就是美国海军能够在较短时间内，在对"黄貂鱼"无人机保持电子战和情报信息交互能力的基础上，适当降低其对敌方目标执行打击任务，以重点发展能有效承担战场保障任务的"黄貂鱼"无人加油机的原因。

"黄貂鱼"自诞生起，就一直在不断变换身份。起初，美国海军将其定位于长距离隐身轰炸机，其后被改为兼具侦察和打击能力的攻击型无人机，最后因其舰载无人加油机的突出特点，而得到了优先发展。尤其是自1997年美国海军KA-6D"入侵者"攻击加油机退役之后，其海军舰载加油机一直青黄不接，只能由F/A-18"大黄蜂"战斗机"兼职"承担该类任务。此举，不仅挤占了F/A-18战斗/攻击机的编制，而且一定程度上影响了舰载机的制空作战与对地（海）攻击能力。

而有了"黄貂鱼"空中加油无人机，将大幅延长美军F/A-18舰载机、F-35C和F-35B隐身战斗机最大航程。"黄貂鱼"无人机本身便具有良好的隐身能力，它可在提供空中加油服务的同时，依旧可以执行战场目标的侦察和精确打击任务；更重要的是，它的体积较小、占用飞行甲板和机库的空间要比有人机小得多；既不占用战斗/攻击机的编制，又能大幅延长其最大航程和作战半径。总之，作为一种长航时、大载荷的舰载无人机，"黄貂鱼"无人机将会越来越多地利用自己多方特点与优长，及时弥补美国海军急需的海基情报、监视与侦察平台，以及加油保障和对地打击的不足。美国海军将领约瑟夫·穆洛伊曾明确表示，下一步美国海军将继续集中精力，把"黄貂鱼"无人机打造为出色的空中加油平台。美国海军已确定到 2021 财年为"黄貂鱼"拨款 21.6 亿美元。

不少军事专家认为，美国之所以"近似疯狂"地发展航母舰载"黄貂鱼"无人加油机，主要是针对当下美国航母所遇到的、最为棘手的中国、俄罗斯和伊朗的"反介入和区域拒止"策略，急欲找到一种可能的应对解决方案：即把美国大型航母尽可能远地驶离上述国家研发的中近程弹道导弹射程之外，一方面通过"黄貂鱼"无人加油机为 F-35C、F/A-18E/F 战斗/攻击机等最大限度地增加自己的航程，另一方面则自己前出到上述国家海空域的最前沿广泛地实施侦察等。

美国海军声称，建造"黄貂鱼"无人机的提议将在 2016 年内发布，并希望在 2020 年以前部署这种无人机。

第5章
福特号航母新概念
及其他武器

　　新概念武器通常指其工作原理和杀伤机理有别于传统武器，且不使用以火、炸药等爆炸威力对目标实施毁伤，而却以先进的现代电子技术为基础，通过高精度、高毁伤效能的有机统一，来大幅度提高作战效能，并对现代与未来战争产生革命性影响。新概念武器主要包括：定向能武器、动能武器和军用机器人等。定向能武器主要指粒子基因武器的能量沿着一定方向传播，并在一定距离内，有杀伤破坏作用的武器；一般在其他方向就没有杀伤破坏作用，如激光武器、微波武器和粒子束武器。动能武器则为能够发射高速（超过 5 倍音速）弹头，通过利用弹头的动能直接撞毁目标的武器，如动能拦截弹（分为反卫星、反导弹两种）、电磁炮（分为线圈炮、轨道炮和重接炮三种）等。

　　由于新概念武器无与伦比的突出性能和效能倍增的作战威力，因此其特别适合空天防御、导弹攻防、信息对抗等；具体而言，不仅可用于战术拦截，而且可用于战役攻防，甚至也可实施战略威慑。正是基于这些原因，美国海军也极为看好上述新概念武器，并尝试将其中多种"移植"和搭载于美国"福特"级新型航母，希冀其能在未来海空作战行动中威力倍增。

全新的激光武器

上世纪70年代初，美国海军开始着手研制舰载激光武器，并尝试逐渐加大利用低功耗激光器发射激光，以瘫痪或者摧毁对方来袭的小型快艇和无人机。从理论上讲，激光技术非常复杂，但如果将其简化，工作过程大致如下：在自由电子激光系统中，一座粒子加速器将自由电子，即指那些不被原子缚束，且能自由移动的电子，被加速到高能级；紧接着，电子束被送进一个磁场，在磁场的作用下电子上下跃迁，释放出光子。激光器发出的光不像电灯泡发出的光那样产生散射，而是保持一条直线射出。

1977年，美国海军正式启动"海石"计划，重点研制实用型的舰载高能激光武器。进入80年代，美国海军逐渐转入以中波红外先进激光武器(MIRACL)和"海石"激光束定向器为基础，对舰载高能激光武器进行模块化与工程化的改进。到80年代末，美国海军成功地在白沙激光武器试验场，利用舰载中波红外先进激光武器进行了一系列打靶试验，其中包括摧毁一枚速度2.2马赫，且处于飞行中的"旺达尔人"导弹的试验。美海军研制的中波红外先进化学激光武器中的主要部件包括：氟化氘(DF)中波红外化学激光器（功率220万瓦）和"海石"光束定向器（孔径1.8米）等。

按照计划，美国海军最初准备将MIRACL装在"宙斯盾"巡洋舰MK45炮位上，并进一步用该系统进行海上试验。可是，美海军却于90年代中期宣布放弃继续执行该计划，而重新启动一项高能自由电子激光武器计划。这样 20 年来被美海军炒得沸沸扬扬的 MIRACL 就此划上一个句号。美海军放弃 MIRACL 计划的原因与国际大环境有关。冷战结束后，美海军作战重点从远洋转移到沿海区域，作战环境发生了巨大变化。为了适应这种变化，美海军要求调整高能激光器计划。研究表明，在沿海环境中，热晕是大气吸收激光能量的主要因素，而且热晕与风速风向有关。在沿海环境下，舰船的航行速度较低，因此总的侧向风力是由当地气候条件决定的。这种侧风往往很小，以致于热晕效应远比在远洋环境下产生的热晕效应更为严重。美海军认为，MIRACL 高能激光器的 3.8 微米波长激光在沿海环境下热晕效应较严重，应该找到一种热晕效应较小的波长代替它。可以说，这是美海军放弃 MIRACL 激光器的主要原因。

目前，美国海军正通过"激光武器系统"、"海上激光演示系统"和"自由电子激光"三个项目，并分别以光纤激光器、板条固体激光器和自由电子激光器为基础发展舰载激光武器；"激光武器系统"采用模块化光纤激光器作为光源，总功率达到 33 千瓦。2014 年 8 月，美海军曾在部署于波斯湾的"庞塞"号两栖船坞运输舰上安装了该系统的激光武器，并进行了为期一年的试验。"激光武器系统"先后完成一系列实弹射击试验，摧毁了无人机和快艇等多个目标，验证了激光武器在强风、高温、潮湿等恶劣海洋环境下的作战性能。

"海上激光演示系统"利用 7 个 15 千瓦掺钕钇铝石固体板条激光器，合成产生 105 千瓦激光束。安装在退役驱逐舰甲板上的该系统，首次发射激光束，有效地克服大气传输、海浪、武器平台和目标平台之间的运动等障碍，最终可靠地摧毁了 1.6 千米外的小艇。

"自由电子激光器"是美国海军独有的激光武器项目。该激光器采用电力驱动，同时具有输出功率高和波长可调（以适应不同环境下的最佳大气传输窗口）两大优点，使其非常适合在海上特殊作战环境中使用，这正是美国海军选中自由电子激光器的原因。但自由电子激光器的研制并不顺利，由于其技术极为复杂，到目前为止，其实验室样机输出功率仅达到 14

千瓦，远低于期望的 100 千瓦，离最终希望达到的兆瓦级目标更是遥远，且其实验室样机体积极其庞大。为了降低开发兆瓦级自由电子激光器的风险，2011 年 3 月，美国海军决定暂缓该计划，把主要精力先集中到固体激光器上，以便以最快的速度把一种定向能武器引入战舰上。

作为一种舰载新概念武器，激光武器拥有其他舰载武器不具备的作战优势：一是速度快。由于激光是以 30 万千米 / 秒的光速传播，因而激光武器的打击速度非常快；从激光器出口传输到目标的时间几乎可以忽略不计，尤为适合稍纵即逝的战场需要。大量事实和试验证明：舰载各型激光武器非常适合拦截快速运动、机动性强或突然出现的来袭导弹或飞机。二是反应快。激光武器射出的光束质量近于零，射击时不产生后座力，可通过控制反射镜来快速改变激光射出方向，可在短时间内对不同方向的多个来袭目标实施可靠的打击。三是确度高。激光武器可以将能量汇聚成很细的光束准确地对准某一方向射出，从而可选择杀伤来袭目标群中的某一目标或精准射中目标的某一部位，却对其他目标或周围环境不会造成附加损害或污染。四是杀伤力可控。激光武器对目标毁伤程度的累积效果可以实时地改变；可根据需要随时停止，也可通过调整和控制激光武器发射激光束的时间或功率，以及射击距离来对不同目标分别实现非杀伤性警告、功能性损伤、结构性破坏或完全摧毁等截然不同的杀伤效果。五是抗干扰能力强。目前对方的电子干扰手段虽然多样，且干扰能力日趋增强，但激光武器射出的是激光束，对其基本不起作用或者影响极其微弱。六是使用成本低。高能激光器每次射击的持续时间为 3 ~ 5 秒，每次射击所花费的费用为 1000 美元左右，即使连续射击 40 次来摧毁一枚导弹，总成本也就大约 4 万美元，这些费用远低于动辄上百万美元的反导导弹成本。

2016 年 1 月，美国海军研究局与美国诺斯洛普·格鲁曼公司签订的"激光武器系统验证机"项目合同细节，该合同于 2015 年 10 月正式签署。根据该合同，诺·格公司将为美国海军研制 150 千瓦舰载激光武器演示样机，这标志着美国海军向舰载激光武器实用化又迈出重要一步。

　　美国海军"激光武器系统验证机"项目主要分为三个阶段来实施，持续时间34个月。第一阶段合同总金额约5300万美元，计划2016年10月前完成，主要开展技术方案设计工作。第二阶段包括组件、集成和系统级试验，以及风险降低；该阶段后期将开展地面试验以验证光束控制系统和"战术激光核心模块"的性能。第三阶段计划研制出150千瓦级、在仿真环境中具备演示能力激光武器样机。美国海军计划2018年将该激光器样机安装在"自防御试验舰"上，全面铺开摧毁快速攻击艇、无人机及光电探测器等试验。一旦技术成熟后，美国海军计划将该激光器安装在DDG-51"阿利·伯克"级导弹驱逐舰上，2025年前具备初始作战能力。诺·格公司还证实，"激光武器系统验证机"将不使用固体板条激光器技术，而是选用自行研发的光纤激光器方案，这是因为光纤激光器具备更高的光电转化效率。

　　当然，美国也非常希望最终能将这些激光器"装设"到"福特"级航母上。美国海军航空兵指挥官、海军少将麦克·莫纳兹尔曾说过："航母上只能装配有限数量的导弹和装置，如果能够安装成本更低的定向能量武器，总体成本就能显著下降，同时航母的防御水平还能得到显著提高。航母是安装定向能量武器的一个绝妙平台，现在它被用作防御目的，但随着技术的进步，你将会看到进攻性的激光技术的出现。"近年来，美国海军基本是按照这一思路来运作的。早在"福特"级航空母舰研制之初，就为其设计并争取及早安装多种激光武器，以用于拦截和抵御敌方来袭导弹和飞机，必要时还能提供进攻火力。

　　从美军目前激光武器进展情况来看，海军将可能成为四军种中第一个部署激光武器的军种。这不仅仅是因为海军长期推进激光武器的发展，而且因为舰船尤其是大型航母十分容易解决载重、热管理和电力需求等问题。未来20年，美国海军激光武器将进入快速发展、全方位部署与实战应用阶段。

最先可能上舰的首先是光纤和固体板条激光武器系统。由于"自由电子激光器"体积过于庞大，难以与现有舰艇平台集成，而且目前一直处于将功率从 10 千瓦提升到 100 千瓦的技术攻关阶段，难以在短期内实现舰载部署。在目前预算削减背景下，美国海军竭力打算制定一项更加明确，且经济上可以承受的激光武器发展战略。基于这些考虑，美海军将放缓"自由电子激光器"的研发，重点发展光纤和板条固体激光器等短期内可实现实战部署的激光武器。目前，33 千瓦级光纤激光器已开始上舰试验，150 千瓦级光纤激光器也将在 2018 年进行海上试验；就技术成熟度而言，光纤激光器将可能成为首型具备实战能力的武器系统，主要担负近程防御任务。

其次，美国海军将分阶段实现舰载激光武器实战化。美国海军将分三个阶段实现舰载激光武器部署：近期（2017 年前），重点发展 60 ~ 150 千瓦光纤和板条固体激光器，以执行近距防御性作战（约 1600 米）为主，主要打击目标包括光电传感器、小型舰船、无人机、火箭弹等；中期（2022 年前）发展 300 ~ 500 千瓦固体激光武器，重点是增强作战距离，具备 1.6 万米级拦截水面及空中目标能力；远期（2025 年后）发展兆瓦级自由电子激光武器，具备摧毁超声速巡航导弹和弹道导弹的能力。

再次，重点攻克舰载激光武器的实用化技术瓶颈。舰载激光武器用于实战前，必须优先解决新型舰船设计、放大功率时如何保持或提升光束质量，以及各系统集成等问题。在搭载平台方面，由于舰载激光武器电力消耗极大，能否搭载该型武器主要取决于舰艇供电和冷却能力。当前，美国海军现役水面舰艇中，只有"提康德罗加"巡洋舰、DDG 51"阿利·伯克"级驱逐舰具备在作战条件下搭载略高于 100 千瓦激光武器能力。为此，美军已开始利用 2.5 万吨"圣·安东尼奥"级两栖登陆舰，具备充裕电能供应和有效可利用空间，来搭载高能激光武器。事实上，"福特"级航母更加具备上述两栖登陆舰的基本条件：该级舰拥有 3 倍于"尼米兹"级航母的发电能力，它能够产生 13800 伏特的电能，是"尼米兹"航母

> 美国"企业"号航母与"提康德罗加"级"宙斯盾"巡洋舰

> 美国"提康德罗加"级"宙斯盾"巡洋舰

发电量——4160 伏特的 3 倍以上。随着激光技术更趋成熟，美国海军领导人计划采用更多种激光武器，来协助航母上现有导弹共同担负航母防御。尽管激光技术比"福特"级航母上已经装备的防御导弹（如 ESSM 导弹和"拉姆"导弹）要便宜得多，但该技术需要大量、强大的舰载便携电力能源。

好在"福特"级航母装设有四台 26 兆瓦发电机，可以为航母提供共计 104 兆瓦的强大的发电能力。这将为航母上正在开发和试验运用的各项系统，如激光武器、电磁轨道炮，乃至电磁弹射系统等提供可靠的能源保障。总之，"福特"级航母为未来设计预留了充足的电力容限，此外该航母还设计与装备有能够将电能导出反应堆，并可以一定方式进行电能存储。

随着激光武器在大型战舰上"跃跃欲试"，其替代导弹和炸药的势头也变得越来越猛，但许多海军权威专家和技术人员根据多年来的研制和试验情况后认为，激光武器要真正投入海战场使用，恐怕还需要相当一段时间。

当下，激光武器面临的最大难题是供电问题。例如，美国海军要想为战舰安装激光武器，就必须彻底改造舰上电源系统，配置大量电池或核动力装置，来满足激光武器的供电需求。不过，在军舰上密集放置大量电池将会产生较大的安全隐患。目前，美国海军只有新下水的"朱姆沃尔特"号 DDG-1000 驱逐舰拥有充足的电力，理论上具备安排大功率激光武器上舰的可能。实际上，激光武器还有一个很大的弊端，即其集成到战舰上后，工作时所产生的巨大电磁场会对舰上电气系统或传感器造成强大的干扰，对此迄今尚未摸清其中规律，也未找到比较妥当的解决办法，要克服这一难题还需要一段时间和过程。

再者，航母装载激光武器后，常常会遇到十分恶劣的海洋环境影响，包括阴霾、灰尘、风、云、雨，以及恶劣天气等，都会影响激光的射程和精度；如下雨天，激光武器的有效性更会大打折扣，甚至完全不能正常使用。至于舰载激光反导系统，美国国防部就曾提出过异议，如在某些极端情况下，只需"在弹体表面刷一层白漆"，激光武器的射击效能就将明显降低，涂白漆的弹道导弹能有效地抗衡激光武器的"照射烧灼"。再如，让一些弹道导弹采取自旋的方式，也能使得舰载激光武器无法对准弹体某一点进行烧蚀。此外，利用大气固有的吸波效应，尽可能增大打击目标与激光武器的距离，激光武器的发射功率也会快速衰减。

先进的电磁轨道炮

　　1920 年，法国人维勒鲁伯率先发明了电磁轨道炮。不过，限于当时的科学水平和技术条件，尤其是缺乏理想的动力设备，因而在相当长的一段时间内，电磁炮的研制工作进展缓慢。直到二战中，德国汉斯勒博士才继续进行电磁轨道炮的全面研究；到 1944 年，他研制出长 2 米、口径 20 毫米的轨道炮，这门炮能把重 10 克的圆柱体铝弹丸加速到 1080 米 / 秒。1945 年，他又将 2 门电磁轨道炮串联起来，结果使炮弹初速度达到了 1200 米 / 秒。二战期间，日本研究感应加速式电磁炮，并把 2000 克的弹丸加速到 335 米 / 秒。战后相当长的一段时内，因材料和电力等关键问题依然无法解决，致使电磁轨道炮研究再次中断。

　　1977 年，美国陆军军械研究发展局推进技术部建议把电磁炮作为武器应用的研究，得到了美国国防部的认可，紧接着成立了指导委员会和技术顾问小组。1978 年，澳大利亚国立大学马歇尔等几位专家，使用 550 兆焦耳的单级发电机的等离子电枢，在 5 米长的轨道型电磁发射器上，可把一枚 3 克重的的弹丸加速到 5900 米 / 秒。这个试验也证明了电磁力能把较重的弹丸加速推进到高速；后来相继有一些专家学者也论证了电磁发射的可能性。进入 80 年代之后，电磁轨道炮的特殊威力，引起了一些军事强国的极大关注，并加大了人力、物力的投入。

80 年代初期，美国劳伦斯·利弗莫尔国家实验室曾利用 127 毫米口径、长 5 米的电磁轨道炮，把一枚重 2.2 克的弹丸加速到 10 千米 / 秒；不久，美国洛斯·阿拉莫斯国家实验室又将一枚重 3 克的弹丸加速到 11 千米 / 秒。80 年代中期起，美国相关部门进行了连发电磁轨道炮的试验，要求将重 80 克弹丸、发射速度 2000 ~ 3000 米 / 秒，发射率能达到 60 发 / 秒。此时，试验中的第一代电磁炮，能将重 1 ~ 2 千克的炮弹，以 5 ~ 25 千米 / 秒的速度射向 2000 千米外的目标，可以用来拦截洲际弹道导弹和中低轨道卫星。值此阶段，美国的电磁发射研究工作已经不再局限电磁轨道炮和磁行波发器上，逐渐开始转向新概念武器。1986 年，美国国防部高级计划研究署正式宣布展开对电磁炮，即战术电磁炮的研究。

1991 年，美国国防部成立电磁炮联合委员会，具体协调海空军、能源部、国防原子能局及战略防御倡议机构等原先分头进行的电磁辐射研究工作。1992 年，美国在尤马靶场进行了一门口径 90 毫米，炮口动能达 9MJ 的电磁炮样炮的试验。1997 年，美国陆军公布了坦克车载电磁炮方案，该炮的口径为 105 毫米，弹重 5.5 千克，初速为 2500 米 / 秒。2003 年，美国海军成功地进行电磁轨道炮的海上发射试验，试验系统的尺寸是未来原型机的 1/8，最终的电磁轨道炮将以 2500 米 / 秒的速度发射大重量射弹。2005 年 7 月，美国海军成功进行了电磁炮的海上发射试验，发射弹丸离开炮管的初始射速为 6M。美国海军计划在 2011 年演示炮口动能为 32 MJ 的电磁轨道炮，炮弹能以 7.5M 的速度发射。美国国防部充分评估后认为，在目前的技术条件下，已经具备制造实用化电磁轨道炮的可能；由此，美国几家主要军工企业在美国海军委托下开始研制电磁轨道炮。如果这一目标能够得以实现，到 2015 年进行全尺寸电磁炮采用 200 MJ 的 PFN 实现炮口动能 64 MJ 的发射，并计划从 2018 年开始装备 DDG-1000 大型驱逐舰。

简单地说，电磁轨道炮就是一台单匝直流直线电动机。它由两条平行的金属轨道，一个电枢和高功率脉冲电源 G 组成。而这种射程高达 300 多千米的先进武器，美国最初的发展设想主要应用于以下三个方面：一是用于天基反导系统，摧毁空间的低轨道卫星和导弹；二是用于防空系统，抗击和抵御来袭飞机；三是用于远程对岸火力打击，对陆地重要目标与设施实施远程打击。

按照当时美国海军提出的目标，用电磁轨道炮发射的炮弹命中目标时仍有 17 兆焦的动能，虽然弹丸仅有 20 千克重且不带装药，但只要能直接命中，就可以对目标造成可观的伤害。

相比之下，美军在"朱姆沃尔特"级驱逐舰的 155 亳米主炮上使用的火箭增程制导炮弹重量高达 175 千克，命中目标时动能仅 13.7 兆焦，而且每艘"朱姆沃尔特"级驱逐舰上仅能携带数十发炮弹，射速也十分慢。美国海军曾做过计算：如果这种电磁轨道炮的射速可以达到每分钟 6 ~ 12发，在对 320 千米距离的目标实施攻击时，在最初 8 小时内，电磁轨道炮投放的弹药数量是 F/A-18 舰载战斗机投放弹药数量的两倍，撞击总动能是后者的 3 倍，打击目标的数量是后者的 10 倍。

鉴于电磁轨道炮的弹头能以 6M 的高速击中 300 千米外的目标，电磁轨道炮采用电力驱动，不需要使用化学推进剂或发射药，从而避免了上述物质在船上发生爆炸的危险。因此，美海军研究局认为，在大型战舰上安装并使用电磁轨道炮，将大幅增强美军的杀伤力和效率。

美海军正式决定，2016 年将对电磁轨道炮进行首次舰载测试，初步计划于 2016 年夏季在"先锋"级联合高速船"特里同"号上进行首次测试。美海军海上系统司令部司令威廉·希拉里德斯海军中将宣布，"先锋"级联合高速船在不装载陆战队人员的情况下，可提供 600 吨左右的有效载荷空间，即该舰在空间、重量和质心分布等方面都能满足装载600 吨有效载荷的要求。在"特里同"号联合高速船上，电磁轨道炮的发电机被安装在船上甲板的一个集装箱内，并通过辅助设备从舷外抽取海水进行冷却。除了安装完电磁轨道炮及配套系统外，船上还有一定的剩余空间和排水量来安装相对轻便的设备设施。海军研究局负责人马修·温特少将表示，电磁轨道炮相对于其他武器具有许多明显的优点，包括可显著降低成本。

当然，美国海军也十分清楚：将电磁轨道炮集成安装到舰船上，决不会是一个短期的过程。经过认真的分析与评估，美海军要在航母等大型战舰上安装电磁轨道炮至少还需要 10 年时间；若要拆除现有的舰炮系统，完全用电磁轨道炮替代，可能需要更长的时间。

就在世人认为，"福特"号航空母舰有望在入役后也配备一定数量的电磁轨道炮时，美国媒体传来消息：2016 年年中，美国海军对"雷神"公司提出的电磁轨道炮电力模块系统已经失去信心。看来，这个号称威力巨大，可以改变作战规律的"超级武器"，似乎要被打入冷宫了。那么，美国海军为何会对电磁轨道炮的电力模块系统失去信心，以致影响到整个电磁轨道炮的最终命运？

首先，电磁轨道炮自身的确存在着一些致命的缺点：尺寸大、耗能大、重量大等弊端；其次，存在着导轨烧蚀及缩短寿命等问题：由于该炮的炮弹必须和作为电极的导轨直接接触，因此如果要将炮弹加速到极高的速度，势必会导致轨道严重烧蚀。早在 2000 年电磁轨道炮项目研制之初，美国海军就提出于 2005 年研制出炮口动能 8 兆焦的缩比样机的雄心勃勃计划，其重点是解决轨道烧蚀问题，同时还开展一体化弹丸的设计工作。从 2005～2011 年间，美国海军再次提出研制出炮口动能达 32 兆焦原理样机的方案；2010 年，BAE 公司研制的轨道炮样机进行了弹丸动能 33 兆焦的试验。在此原理样机上，除弹丸重量比型号样机轻外，其余指标如初速要大于 2500 米 / 秒，身管寿命达 100 发。2011 年后，美国海军重新开始炮口动能为 64 兆焦的电磁轨道炮型号样机研制工作，最终打算于 2020～2025 年正式装备电磁轨道炮。

鲜为人知的粒子束武器

众所周知，原子中央的质子带正电，电子带负电，中子则为中性。通常，那些被称为粒子的物质是指电子、质子、中子和其他带正、负电的离子；而粒子只有被加速到光速，才有可能作为武器使用。粒子束向空中来袭目标发射时，不仅可熔化或破坏目标，而且在命中之后，还会发生二次磁场作用，对目标产生非常严重的破坏。

粒子束武器的破坏机理是动能杀伤和 γ、X 射线破坏两类。粒子束由于不受云、雾、烟等自然环境和目标反射的影响，也不会因目标被遮蔽或受到干扰而失效，所以它的全天候和抗干扰性能较好。粒子束还有一个突出优点，即可直接穿入目标深处，而不需要维持一定时间，有利于攻击多目标；即主要通过发射出高能定向，且接近光速的亚原子束强流（带电粒子束和中性粒子束），用来击毁卫星和来袭的洲际弹道导弹。一旦粒子束没有直接命中目标，则会在目标周围产生 γ、X 射线，造成另一种伤害和破坏：粒子束所产生的强大电磁场脉冲热，会把导弹的电子设备烧毁，或利用目标周围发生的 γ 射线和 X 射线使目标的电子设备失效或受到破坏。一般来说，带电粒子束武器在大气层内使用；而中性粒子束武器则在大气层外使用，主要用于拦截助推段和飞行中段的洲际弹道导弹。

按武器系统所在的位置不同，粒子束武器通常可分为陆基、舰载和空间粒子束武器。陆基粒子束武器设置在地面，主要用于拦截进入大气层的洲际弹道导弹等目标，担负保护战略导弹基地等重要目标的任务。舰载粒子束武器设置在大型战舰上，主要用于保卫舰船免受反舰导弹和低空飞机的袭击。空间粒子束武器设置在空间飞行器上，主要用来拦截在大气层外飞行的导弹和其他空间飞行器。

粒子束武器无论是带电粒子束武器，还是中性粒子束武器，大都由五大部分组成：粒子束生成装置、能源系统、预警系统、目标跟踪与瞄准系统、指挥与控制系统；其中，最能显示该武器特征的是粒子生成装置和能源系统。

高能粒子束生成装置是整个粒子束武器系统的核心部分，主要用来产生高能粒子束，并聚集成狭窄的束流，使其具有足够的能量和足够的强度。通常，粒子束生成装置又包括粒子源、粒子注入器、加速器等设备；而其中最关键的是研究适合武器使用的高能粒子加速器，主要用来产生高能粒子，并聚集成密集的束流，加速到使它能够破坏目标。感应直线加速器、电子感应加速器、射频直线加速器都有可能作为高能粒子加速器。现有的民用粒子加速器由于过分笨重，根本无法作为武器系统使用。例如，美国费米国家实验室使用的 5000 亿电子伏特质子加速器，其中的主加速器直径就长达 2000 米左右，其两极转弯磁铁，每块长 6 米，重 13 吨；4 级聚焦磁铁长 2 米，重约 4 吨；两种磁铁加起来有 1000 多块，共同构成一个周长达 6000 米的大环，安放在地下 60 多米深的隧道中。

作为粒子束武器各组成部分的动力源，能源系统为粒子束武器系统提供直接动力，可被认为是该武器的"弹药库"。粒子束武器是以脉冲方式工作的，因而一般的发电机及供电方法，无法满足其需要；若要把大量的带电粒子加速到接近光速，并聚集成密集的束流，需有强大脉冲电源。试验表明，集成的粒子束流若想在对方导弹体上烧熔出一个小孔，其到达目标时的脉冲功率必须达到 10^{13} 瓦，脉冲能量为 10^7 焦耳。按照这种需要计算，假如加速器的效率能达到 30% 的话，即使不考虑传输中的损失，也要求脉冲电源的功率至少应为 3×10^{13} 瓦。这个功率相当于 3 万个 100 万千瓦的电站的总功率。也就是说，在同一瞬间要求这 3 万个电站同时向该武器系统提供电力；但这种要求是不现实的，也是不可能做到的。截至

2013 年，研究的特种发电机脉冲功率仅能达到 107 瓦，离实际要求相差甚远。就目前的电源水平，根本无法达到上述脉冲功率的要求。为此，有关部门决定另辟蹊径，采用新的供电方法，即在武器工作之前先将能量储存起来，一旦需要便能在极短时间内释放出巨大的能量，从而达成毁伤破坏目标的效果。近年来，美国、俄罗斯正在加紧研制新的储能设备和新的脉冲电源。

目标识别与跟踪系统主要由搜索跟踪雷达、红外探测装置及微波摄像机组成。探测系统发现目标后，目标信号经数据处理装置和超高速计算机处理后，进入指挥控制系统，根据指令，定位系统跟踪并瞄准目标，同时修正地球磁场等的影响，使粒子束瞄准目标将要被击毁的位置，然后启动加速器，将粒子束发射出去。

高速电子束通常使用线性铁氧体磁场感应加速器来产生，其绝对速度为每秒 30 万千米。俄美研制的地基粒子加速器均为质子加速器，它们的基本原理是：首先对电子束发生器产生的电子进行加速，然后在高频振荡装置上振动；再在离子发生装置上把进来的质子用电子包围起来，使其进入离子加速装置进行加速，质子则因接收能量而加速。在接近出口时，把电子去掉，利用磁场使之变成尖锐的高能定向束流，最后将质子束向空间发射出去。

美国研究产生中性粒子的方案是：将负离子在加速器中加速并聚集，在加速器的出口处去掉多余的电子，变成中性氢原子束发射出去，击毁目标或使其失效；同时要求这一过程确保氢原子束的质量和能量。当然，中性粒子束武器要进入作战使用，必须有一定数量的卫星进行早期预警和探测。预警卫星将探测目标的数据送往地面站，需要特定卫星网和惯性导航系统来实时测定卫星和目标的位置，以及在卫星的任何方向上都能瞄准目标的姿态控制系统。

粒子束武器的发射速度接近光速，因此具有激光武器的优点，可以迅即射击目标，也能灵活调整射击方向，又可同时拦截多批多个目标；只要能源供应充足，便能连续战斗。此外，粒子束武器不受气象条件的限制。

研制实践表明，粒子束武器的研究和生产的难度要比激光武器大，但粒子束武器搭载于天基使用要比激光武器更有前途：一是它可以不使用更多的光学器件（如反射镜）；二是产生粒子束的加速器非常坚固，而且加速器和磁铁不受强辐射的影响；三是粒子束在单位立体角内向目标传输时的能量比激光大，而且能贯穿目标深处。

当然，与许多先进武器一样，粒子束武器也有一些明显的缺点：一是带电粒子在大气层中传输时，由于带电粒子与空气分子会发生不断碰撞，因而能量衰减得非常快；二是带电粒子在大气中传输时容易散焦，因此在空气中使用的粒子束，只能打击近距离目标，而中性粒子束在外层空间传输时也有出现扩散；三是受地球磁场的影响，会使光束产生弯曲，从而偏离原来的射击方向。

20世纪70年代，美国海军曾制定了开发粒子束武器的"跷板"计划，研究用带电粒子束拦截导弹的核弹头。1981年，美国国防部在设立了定向能技术局来开发粒子束武器和激光武器，并从1981财年开始实施预算额为3.15亿美元的5年开发计划。粒子束作为武器使用时必须兼备大电流和高能量，以及数兆瓦的能源；它要在现有的基础上，增加功率几千倍，甚至几万倍。粒子束击中目标后，立即放出电子，让质子直穿而入，待能量耗尽后停止。100兆电子伏特的中性氚束对各种物质的垂直穿透深度为：固体推进剂9.5厘米、铅3.3厘米、铝0.8厘米。

时至今日，对于粒子束武器美国确定的潜在用途是拦截导弹、攻击卫星，以及在敌防区外实施扫雷等。截至2013年，美国产生粒子束的方法主要是利用线性电磁感应加速器，但由于加速器太笨重，迄今尚无法投入战场使用。目前，美国重点是抓紧研究适于部署在地基、海基和天基反导平台上的小型、高效加速器及其技术。美国主要利用线性电磁感应加速器产生粒子束，通过同一加速器，连续再循环脉动的粒子束，以便让粒子束在现有的小型加速器中环流，把能量逐渐加到每次通过的粒子上。

"改进型海麻雀"导弹

早在设计与研制"福特"号航母之初，美国海军就已充分认识到：如果舰上单纯依靠并使用新概念武器，恐怕很难全面胜任，难以实施全范围的抵抗和防御，因此有必要留用传统的防空导弹和速射炮，以达成对空防御的最佳效果。这其中，美国海军决定继续保留的防空导弹，是目前在北约很多国家中使用的"改进型海麻雀"舰空导弹。

"改进型海麻雀"舰空导弹的前身——"海麻雀"导弹，是美海军的全天候、近程、低空点防御舰空导弹，主要用于对付来袭的低空飞机、反舰导弹及巡航导弹等。"海麻雀"导弹系统先后发展了三种型号：基本型为50年代中期至60年代初的"黄铜骑士"、"小猎犬"和"鞑弹人"低空面防御系统。出于增强低空防御能力的需要，美国海军自1964年起将AIM-7E移植为RIM-7E，其基本型于1969年服役，1972年被后继型号所取代。

为了更有效地对付低空掠海飞行导弹，美国和北约国家于1968年开始联合研制RIM-7E改进型，代号为RIM-7H。1977年，美国、加拿大和丹麦三国海军又以AIM-7M为基础，联合研制了轻型、先进的"海麻雀"点防御导弹系统，同时采用了垂直发射技术。到1984年，"海麻雀"各型号导弹一共生产6345枚，陆续装备北约各国战舰。

"海麻雀"导弹呈细长圆柱形，头部为锥形，尾部为收缩截锥形；该导弹采用全动翼式气动布局，两对弹翼配置在弹中部，起到舵和副翼双重作用，产生升力和控制力。两对固定尾翼用来控制稳定性，弹翼和尾翼均呈X形布置。基本形沿用AIM-7E的结构，但尾翼翼尖切去了一点，弹翼改为折叠式。"轻型海麻雀"则由AIM-7M改进而来，分标准型和垂直发射型；

区别在于，垂直发射型的发动机尾部加装了燃气舵。从 1968 年起，雷神公司着手对 RIM-7E 导弹进行上舰的适应性改进；期间，比利时、丹麦、意大利、前联邦德国、挪威和荷兰六个北约国家也参与进来，研制了新型的舰上制导设备和发射装置，这种改进型是 RIM-7H "北约海麻雀"。与 RIM-7E 相比，RIM-7H 导弹的外形改变不大，只是弹翼改成半折叠式，而尾翼则完全变为可折叠 (这种折叠翼也用于后来的 RIM-F/M/P/R)，从而能在较为紧凑的发射箱上发射。此外，导弹内部也有一些改进，包括增加一个飞行高度探测装置，改善了低空性能，加装了红外引信，提高了精度，装上了敌我识别器，以防止误射。该导弹系统总重只有 12 吨，采用了更为轻便的 MK29 八联装发射装置和新型 MK-91 数字化火控系统和新型照射制导天线；虽然性能有较大提高，但尚不具备对付掠海飞行的超音速巡航导弹的能力。在对方强电子干扰的情况下，它的命中率也很低。

1978 年，美国海军为进一步改进和提高"海麻雀"导弹的性能而独立研制了 AIM-7M。该型导弹的外形和尺寸都和 RIM-7H 相似，不过采用了带数字信号处理器的倒置单脉冲接收机，其位于新的 WGU-6/B 设备舱内，从而使该型弹的抗地物杂波能力明显增强，首次具备了下视下射能力，能够有效对付掠海飞行的反舰导弹。此外，弹上使用了新型的数字计算机，新型自动驾驶仪和引信，能确保导弹按最优弹道飞行。AIM-7M 的发射装置改为 8 联装 MK-29 箱式发射系统，同时也能够使用宙斯盾系统的 MK41 或者 MK48 垂直发射系统发射；且每个发射单元可以装 4 枚"海麻雀"导弹。此后，"海麻雀"还发展了 RIM-7P 和 RIM-7R 两种型号。RIM-7P 实际上是 RIM-7M 的改进型；它大幅提高了电子系统和弹载计算机的性能，装备了新的导引头，并且增加了中段的数据链系统，从而对付小型低空目标的能力明显增强。

1995 年，美国海军宣布胡福斯公司成为"北约海麻雀"的继任者——新款"改进型海麻雀"舰空导弹的竞标者；随后，该公司又联合雷神公司来共同设计与研制。但不久，胡福斯公司导弹分部被雷神公司收购，于是雷神公司成为"改进型海麻雀"舰空导弹的唯一承包商。

最初，"改进型海麻雀"舰空导弹的非官方编号为 RIM-7PTC 或 RIM-7T，而它最终的官方编号却是 RIM-162。当然，RIM-162 是以 RIM-7P 为基础进行设计的，但两者几乎没有什么相似的地方；严格地说，"改进型海麻雀"舰空导弹是在 RIM-7"北约海麻雀"进行改进的国际合作项目。"改进型海麻雀"舰空导弹是与"海麻雀"舰空导弹的发射系统相兼容的新型导弹，主要是用来对付高速、高机动的反舰导弹。应该说，"改进型海麻雀"舰空导弹是一种控制舵面，且尾部采用正常式布局的尾控导弹，与原来的旋转弹翼方式截然不同。

"改进型海麻雀"舰空导弹采用推力矢量系统，它的最大机动过载达到 50G，且不会随射程的增加而大幅减小；目前先进的战斗机即便作出 9G 的持续规避机动动作，也丝毫无法躲闪"改进型海麻雀"舰空导弹的追踪打击。该舰空导弹采用了全新的单级大直径 (25.4 厘米) 高能固体火箭发动机，新型自动驾驶仪和高爆炸药预制破片战斗部。相比 RIM-7P，RIM-162 的有效射程有显著增强；从而使"改进型海麻雀"舰空导弹的射程甚至达到了中程舰对空导弹的标准。此外，改型舰空导弹还采用了大量现代导弹控制技术，惯性制导和中段制导，X 波段和 S 波段数据链；以及末端采用主动雷达制导。这些特殊的复合制导方式，可以使舰艇面对最为严重的威胁时，也能实施可靠、有效的抵御。

目前，雷神公司共生产 4 种型号的"改进型海麻雀"舰空导弹。其中，RIM-162A 是计划用"宙斯盾"系统的 MK41 垂直发射系统进行发射的型号，每个 MK41 发射单元内均可存放 4 枚"改进型海麻雀"舰空导弹；RIM-162B 是用非"宙斯盾"舰的 MK41 垂直发射系统进行发射的型号，它设有"宙斯盾"系统的 S 波段数据链。RIM-162C 和 RIM-163D 则分别是由 MK48 垂直发射系统和 MK29 箱式发射系统发射的 RIM-162B 的改进型号。

"改进型海麻雀"舰空导弹于 2003 年完成了在"小鹰"号航母上的试

验，拦截效果相当出色。下一步，美国海军如果继续将其安装于"福特"级航母，相信也能够发挥出一定的作用。

RIM-116"拉姆"滚体导弹

　　RIM-116"拉姆"导弹之所以被命名为"滚体导弹"（RAM），主要因为导弹在飞行时，它的弹体会不断滚转；而一些人士戏称其为"公羊"，则在于其简称"RAM"正好是英文中公羊、白羊之意，故有时干脆将其译为"公羊"导弹。此外，多年来，美国军方偏爱使用公羊图案，来作为其标志。RIM-116"拉姆"导弹是一种以红外与被动雷达联合制导的轻型、点防御舰对空导弹，现已大批量装载并使用于美国、德国、韩国等国的军舰，主要用来拦截巡航反舰导弹及其他空中来袭飞机等。

　　RIM-116"拉姆"滚体导弹在研发过程当中为了节省经费，诸多次系统采用了现役很多装备。红外寻的头来自"刺针"地对空导弹；火箭推进段、弹头与引信则来自"响尾蛇"导弹。为了简化弹体的飞行控制，以及被动雷达导引天线的需要，导弹在发射时弹体会以 10Hz 的频率开始旋转。一般不旋转的导弹，在俯仰与偏航两个轴上都需要有控制面；而滚体导弹利用弹体的自旋，只需要一套控制面即可担任两个轴向上的控制，因此在接近导弹鼻端只有两具可动的控制面。此外，雷达接收天线也因此能够简化为两具，而非一般的四具。

　　1975 年 5 月，美国海军正式提出 RIM-116 滚体导弹的载舰需求，1977 年美国通用动力公司与前联邦德国公司共同签署工程研发备忘录，1979 年丹麦正式加入成为第三位合作伙伴。1992 年 8 月，通用动力公司将战术导弹系统的事业部门卖给休斯电子公司；1997 年雷斯安公司收并了休斯电子的防御部门，从此拥有了原来通用动力的导弹部门，所以"拉姆"导弹最后的研制与发展是由雷斯安公司负责的。

早在 1978 年，"拉姆"滚体导弹首次试射就获成功，但后续的发展并不顺利：丹麦由原先的发展伙伴关系自行降级为观察员，其后又引入"海麻雀"导弹来作为它们的舰载点防御武器。前联邦德国也曾一度考虑退出研发计划，美国甚至终止整个开发进度，但最后还是恢复了计划的完成。1985 年，美国海军正式生产了 30 套滚体导弹，并于 1992 年 11 月 14 日率先在"塔拉瓦"级两栖登陆舰的第五艘"佩利洛"号上正式装设使用。其后，美国海军又采购了大量的"公羊"导弹及 115 套发射器，并分别装设于 74 艘船舰。目前，除美国部分水面战舰外，德国、希腊、韩国、埃及等国海军均有装载。

MK49 型发射器主要负责发射滚体导弹，共可放置 21 枚"拉姆"导弹；不过发射器上没有探测装置，必须与舰上的战斗系统整合才能够攻击具有威胁性的目标。美国海军主要将其与 AN/SWY-2 雷达及船舰自我防御系统等战斗系统实施整合。

RM-116A（即"拉姆"导弹原型）是"拉姆"导弹原始版。它是以AIM-9"响尾蛇"导弹为基础而发展的，包括火箭推进器、高爆引信、弹头等方面基本沿用"响尾蛇"导弹。RM-116A 发射后的初始阶段是以感应、追踪来袭威胁目标所发出的雷达波，来实施导引；到终端与拦截目标近接时，则改以红外寻的导引头来进行导引。RM-116A 导弹的试射命中率超过 95%。RIM-116B 则是 RM-116A 的强化版；该型导弹增加了红外导引能力，重点拦截不发出任何雷达波的来袭导弹，同时仍保留与RM-116A 导弹的终端被动雷达导引能力。

"海拉姆"导弹系统集"密集阵"Block 1B 近程武器系统和"拉姆"(RAM) 导弹为一体，体现了低成本螺旋式发展思路。该系统用 11 枚RAM 导弹取代了"密集阵"1A　20 毫米炮，但仍采用"密集阵"系统的传感器，将进一步扩大"密集阵"系统对掠海导弹的拦截距离；同时，也具备了攻击直升机、飞机和水面目标的能力。现役美国战舰上装设的"海拉姆"，则是把"密集阵"系统的机炮换成了"拉姆"导弹（而"拉姆"导弹是21联装发射器），两者很容易区分辨别。

"密集阵"近程防御武器系统

MK-15"密集阵"近程防御武器系统（简称"密集阵"近防系统），是一种以反制导弹为目的而开发的近程防御武器系统，最早由美国通用动力公司波莫纳厂制造，目前则由雷神公司制造。"密集阵"近防系统现已广泛用于美国海军及其20多个盟国海军的多级水面作战舰艇上，例如美国现役的"尼米兹"级航母、"美国"级两栖攻击舰、"阿利·伯克"级导弹驱逐舰等，均已装设了"密集阵"1B近防系统。

MK-15"密集阵"1B的装设与使用，不仅强化了对付超音速掠海反舰导弹的能力，而且提升了应对小型水面目标与低空慢速目标的能力。由于"密集阵"最初的主要任务是拦截反舰导弹，为了避免过高的虚警率，"密集阵"的目标指示系统会自动将低速目标过滤掉。为了防止漏过小型水面目标，第一代的"密集阵"系统采用人工操作模式，但冷战期间美国舰队近距离遭遇小型舰艇的机率较低，于是将手动接战模式取消。但进入上世纪80年代之后，美军不断介入波湾湾事务，面临伊朗高速快艇的威胁，美国海军打算开发"先进小口径机炮系统"来应对这种威胁。与此同时，美国海军又发现在近岸环境条件下，敌方低速轻型飞机与直升机使用携载的火箭、导弹等武器进行偷袭时，威胁也很大。为此，美国海军又决定开发"稳定武器平台系统"来应对这一威胁。此后几经评估，海军水面作战研究中心转而重新认识到：现有的"密集阵"近程防御武器系统经过一些改进良，完全能满足上述两项作战需求，不必另外发展新的武器系统。

改进后的"密集阵"系统在接战水面、低空慢速目标期时，一旦发现高速来袭目标时，将优先转换为防空模式，将其击落后再继续执行原本的作战任务。此外，美国海军还为"密集阵"系统研发了适合攻击慢速目标的新弹药。原本的弹药力求穿透性以引爆反舰导弹的半穿甲弹头，因此弹蕊极为坚硬；但在对付飞机或其他慢速目标时，这种弹药很可能会完全贯穿目标而不破碎，因此炮弹的动能都被炮弹带走而不是用于毁坏目标。有鉴于此，美国海军专门设计了另一种弹头，利用压缩方式将钨合金粉末压制成穿甲弹弹蕊，在穿透目标后迅即碎裂，由此一来炮弹动能就能有效施加于目标而对其产生巨大毁坏。

"密集阵"1A/B 两种型号都曾成功拦截过模拟的 P-270"蚊子"/SS-N-22"日炙"导弹，以及超音速掠海飞行的"汪达尔"靶机；同时还成功"模拟"射击多艘快艇。

与原型号相比，"密集阵"1B 除火炮架构不变外，主要安装了改进型 Ku 波段搜索与跟踪雷达、新型炮内控制站和遥控站；并对计算机火控系统进行了升级，加装了前视红外（FLIR）摄像机，可进行 24 小时的被动搜索跟踪，具有多光谱探测和跟踪能力，提高了强电磁干扰环境下近程反导能力。同时，"密集阵"1B 还对火炮身管进行了改进，炮管比原来更长、更重。新系统通过简化炮弹的散射模式和使用新型炮口抑制系统提高了近防系统的射击精度。所使用的 MK244"增强毁灭性弹药"是现在使用的 MK149 弹药的改进型，在发射初速不变的情况下，打击目标时提高了近50% 的贯穿动能，对反舰导弹、快艇和飞机的杀伤力更大。该系统的最大射速为 4500 发 / 分，最大射程 3 千米。

鉴于"密集阵"1B 卓越性能，美国海军已决定将舰队中所有的"密集阵"系统都提升为"密集阵"1B 系统，而其他盟国战舰也将陆续进行类似升级。针对"福特"级航母的防御需要，美国海军决定：在没有更新、更优的近防武器系统问世之前，暂时先在其上加装"密集阵"1B，以用来应对今后敌方来袭的水面目标及低空慢速目标，同时拦截超音速反舰导弹。

为了满足21世纪的海上作战需求，美国海军下一步将研究与发展MK-15"密集阵"Block 2与CIWS-2000，此种新系统将需要进一步提高炮口初速、炮弹质量、射速与命中率等。为了强化对海上目标的攻击能力，CIWS-2000还打算除雷达之外，另外加装前视红外传感器、摄影机和视频自动跟踪等设备。

第6章
福特级航母的
"软肋"

    总体来说，"福特"号航母的确有诸多过人之处，但并非完美无缺。经过这些年的建造与试验，已发现了其许多"软肋"和缺点，它们将有可能影响"福特"号航母战技术性能的发挥，甚或未来的服役寿命。

    出于加快新型航母服役的需求，美海军放弃了原本打算通过"福特"级3艘航母渐进式使用新技术的稳妥方法，而把13项高新技术全部放在"福特"号上验证使用，其中顶尖高新技术超过60%，大大超过了航母传统设计的高新技术比例，这在世界各国海军乃至美国海军中，是绝无仅有的。如此一来，就使得该级航母诸多系统和设备的可靠性和稳定性明显不足；很有可能会接受更多的改装和更换设施，从而严重影响其有效服役时间。同时，过多使用先进技术还会继续加重"福特"号的成本增加，影响它的发展前景。

由于成本过高，诸多性能超出现实需求太多

双波段雷达是美国海军为新一代"福特"级航母和 DDG-1000"朱姆沃尔特"级驱逐舰，专门研制的多功能防空雷达系统。该型雷达由 X 波段的多功能雷达（MFR）和 S 波段的体搜索雷达（VSR）共同组合而成。

早在 2012 年 7 月，美国海军就曾授予雷声公司研制双波段雷达，并将其装备于"福特"级新一代航母的合同。该双波段雷达系统是美国海军首套能够同时在两个波段上运行的雷达系统，也是美国海军目前最为先进且性能极为优越的雷达系统。美国海军先后为雷声公司拨款 5360 万美元，主要用于改进系统软件以优化工作效率，并为下一阶段的测试和评估做准备。

由于性能卓越先进，这套双波段雷达将为 CVN78"福特"号航母的防空作战和自防御提供极佳的监视能力；其具体包含 X 波段 AN/SPY-3 多功能雷达和 S 波段体搜索雷达。该双波段雷达在多种环境下都能提供优异的性能，支持多任务需求，包括态势感知、自防御／防空作战、反潜作战、反舰作战、对陆攻击、、火力支援、水面搜索，导航和空中交通管制等。

2010 年 5 月，美国海军首次成功采用配备通用雷达组件控制器的双波段雷达实施跟踪，它同时使用了 AN/SPY-3 和体搜索雷达搜索能力来捕获和跟踪目标。这一测试验证了该系统在精确跟踪模式下，具备有从 S 波段向 X 波段自动切换的能力。

美国海军之所以看重双波段雷达，关键在于 X 波段雷达拥有目标精确跟踪与分辨能力，而 S 波段雷达拥有超强的目标搜索能力；两者结合使其既可远距离搜索警戒，又可对目标的精确跟踪，整体性能将得到了质的提

升。加上采用的多种、先进的杂波抑制、目标搜索算法和计算处理技术等，使得这样一部组合雷达就能够同时完成传统需要多部雷达才能实现的目标搜索与跟踪、目标照射、目标信号获取、导弹跟踪等十几种功能。按照美国海军修改后的计划，双波段雷达将最终替换舰上原有的6到10部雷达。

正是基于该雷达优异的性能，美国海军决定在发展着眼21世纪的新型"福特"级航母及DDG-1000型"朱姆沃尔特"级驱逐舰时，均采用该型雷达，以大幅强化战舰及其编队的探测搜寻能力。最初，DDG-1000驱逐舰计划采购数量定为27部，"福特"级航母采购数量定为12部；美国海军希冀通过这种批量采购的方式，可大幅降低该雷达的成本，价格也能逐渐为海军所接受。

鉴于"福特"级航母开始采办不久，其费用就不断持续上涨，美国国会随即对进入采办阶段的战舰设置了采购费用上限，以控制它们的采办成本。美国海军2008财年预算报告中，"福特"号的设计建造费用为104.89亿美元，而在2016财年预算报告中，该项费用已上涨至128.87亿美元，涨幅为22.9%。"福特"级第二艘"肯尼迪"号航母目前已进入增量采办阶段，但目前采购费用也已从2008年的91.92亿美元上涨至113.47亿美元，涨幅达23.4%。该航母计划于2022年服役，根据"福特"号航母及其他舰艇采办经验，预计未来仍然有一定费用上涨的可能性。

除了"福特"号航母舰体本身费用上涨外，实际上对于舰上的重要设备——双波段雷达的费用涨幅也存在着较大的不确定性因素：美国海军2008财年预算报告中，曾将双波段雷达的购置费用预算定为2.02亿美元；而到2013财年，该费用已上涨至4.92亿美元，涨幅达144%。由于该雷达最初计划装备在"福特"级航母和多艘DDG-1000驱逐舰上，而此后随着DDG-1000放弃使用该雷达，导致采购数量有所减少，从而也使其采购价格进一步上升。在费用上限的约束下，在抉择"福特"级航母建造费用和双波段雷达购置费用双重上涨压力时，于是美国海军逐渐倾向放弃使用双波段雷达而选用一种更为"质优价廉"的新型雷达。

　　首先，美国海军经过了一番调查研究，并进行了反复对比与分析后，最终认定：在其现役航母打击群编成体制下，航母其实并不需要由 X 波段的多功能雷达（MFR）和 S 波段的体搜索雷达（VSR）共同组合而成，且如此先进的雷达。实际上，在航母打击群中，美国航母始终处于巡驱护舰艇、潜艇、舰载机等重重保护之下，航母本身雷达电子设施的最大功能是进行航空管制，实施近程的三维搜索与火控，因此更先进的雷达其实无法发挥其功能。"福特"级航母项目执行官也表示，"双波段雷达已超出了航母所需雷达的范畴"（这种雷达不仅具有侦测与火控功能，而且能进行潜望镜探测，能大幅提升航母的作战打击能力）；如果采用"新型 EASR 雷达虽有某些能力上的不足，但仍能满足航母雷达的大部分要求，例如三维立体搜索，航母航空管制等"。尤其是当前及今后在美国海军军费预算十分紧张的背景下，双波段雷达需要动用 5 亿美元的成本，功能又过于超出"福特"级航母的作战需求，所以出于实用化及节省成本的考虑，有必要将其削减。

　　还有一点非常关键的是，美国海军 CVN-79"肯尼迪"号航母将提前引入一种新型的"企业"号航母上的对空监视雷达；相比于"福特"号航母的双波段雷达，上述新型雷达至少可节省 1.8 亿美元。美海军航母项目执行办公室的执行主管汤姆·莫瑞少将表示，原计划是将这种新型对空监视雷达引入到两栖战舰 LHA-8 和"福特"第三艘 CVN-80"企业"号航母上，但由于包括上述原因在内多种原因，导致该雷达技术将在"肯尼迪"号航母上提前应用。汤姆·莫瑞少将还表示，CVN-80"企业"号将于 2027 年交付海军；但在 2025 年"尼米兹"(CVN-68) 号航母退役后，存在着两年少一艘航母的空档期，所以 CVN-79"肯尼迪"号航母必须在此期间就能形成作战能力。鉴此，美国海军决定 CVN-79"肯尼迪"号航母率先采用新型雷达，同时也兼顾到 LHA-8 两栖攻击舰采购新型雷达的需求；不仅如此，新型 EASR 雷达可满足不同舰艇的需求，"尼米兹"级航母上过时的 AN/SPS-48 和 AN-SPS-49 也可以用这款新型对空监视雷达（EASR）来替代。总之，最大限度地降低成本，也是五角大楼方面追求的一个目标。在各种因素的最后叠加下，美国海军最后决定选择一款能够同时满足航母和两栖甲板作战需求的新型雷达，即 EASR 雷达。

严格来说，安装由 X 波段的多功能雷达（MFR）和 S 波段的体搜索雷达（VSR）共同组合而成的双波段雷达并不是一个过错，只是有点大材小用，"杀鸡用牛刀"的意味；当然也突显美国海军日渐"囊中羞涩"，无法担负快速提升的造舰成本。

个别设计缺陷，导致一些先进装置被迫推期甚至取消

如前所述，"福特"级航母将大量地使用各种高新技术和装备，从而时常导致"欲速则不达"，乃至力所不逮的现象；有的最终只好被迫放弃。2015 年 3 月 19 日，美国海上系统司令部对外宣称，通过详细的工程评估后发现，"福特"级航母首舰安装的先进阻拦装置(AGG)，即涡轮电力拦阻系统发现了设计缺陷；从而将导致相关测试工作推迟两年，进而可能对"福特"号 2016 年 3 月 31 日的交付造成影响（实际上已经产生影响）。

这种先进拦阻装置的主要缺陷发生在它的水力涡轮机构上；按照设计要求，该机构可在阻拦舰载机的过程中吸收 70% 的冲击力。项目执行官摩尔少将称："在经过详细工程评估后，我们意识到水力涡轮的设计无法满足要求；根据固定价格合同的要求，通用原子公司将为这项缺陷负责。"

目前，经过改进与维修后的先进阻拦装置（AGG）正在进行喷气小车试验，同时另一款经过升级的 AGG 正安装到"福特"号航母。摩尔少将称，"我们对目前进行的工作充满信心，但在赫斯特湖开展的喷气小车试验仍非

常重要；这次试验之后，我们将开展第二阶段试验——跑道辅助着陆试验，在这个试验中将拦截真正的舰载机。我将全称监督这两项试验的进展"。

近年来，先进阻拦装置（AGG）可谓祸不单行！除了试验"屡试不顺"外，通用原子公司研制先进阻拦装置的费用也一涨再涨，现已超过原计划的一倍以上。鉴此，美国海军已决定对"福特"级后续航母放弃装设并使用AAG，转而考虑采用其他阻拦装置。实际上，还在2015年，美国海军官员曾表示，当下"陷于困境"的先进阻拦装置研制进度，已明显落后"福特"级航母上其他系统。不仅如此，参议院武装部队委员会发布的2017财年国防授权法案指出，2009年制定的4套AAG系统的研发采办经费为4.76亿美元，至2016财年已上涨至14亿美元，考虑到通货膨胀后涨幅达130%。基于费用的上涨，目前国防部长办公室正对AAG项目进行第二次自上而下的审查，并重新确认"福特"级航母对AAG的需求。美国海军战争学院新闻网还了解到，该次审查的目的是计划在"福特"号航母后续舰"肯尼迪"号（CVN-79）、"企业"号（CVN-80）上依然采用传统的Mk-7 3型液压阻拦装置的增强版本；而"福特"号则继续使用AAG。

尽管美国海军还继续努力按照"福特"号航母的需求，加紧落实AAG的交付，尚未最终放弃AAG；但是，一些专业人士却透露，如果美国海军强烈要求"肯尼迪"号和"企业"号航母放弃使用AAG，将主要考虑后续的费用及工程拖期问题。

电力系统存在不少严重故障隐患，极易遭对方干扰与打击

"福特"号航母将改为安装两座贝蒂斯核动力试验室研制与建造的

A1B 型压水堆，功率较"尼米兹"级增加 25% 以上，配备 1.38 万伏的输配电系统；其供电能力为 20 万千瓦，是现役"尼米兹"级航母配电系统 6.4 万千瓦的 3-4 倍。正因为"福特"级拥有大容量的供配电系统，有着远高于现役"尼米兹"级航母的大量用电输出，所以足以满足全电力推进系统、电磁弹射器、电磁轨道炮和激光武器等新概念武器的运行和使用，以及升降机起降、热水供应、冷暖气供给、膳食烹饪，甚至各种雷达通信设施、作战指挥系统等的全数电力驱动。不仅如此，舰上还随之配备了更全面、更完善的电力供应设施；例如，在全舰各处设置分区供电系统，并设置一个电脑控制配电系统，使电力的分配合理化。美国海军原先计划，"福特"级航空母舰连推进系统也采用电力推进，即采用反应堆发出的电力驱动由电动马达带动的推进器；不过由于担心供 10 万吨级航母使用的电力推进系统发展尚未成熟，因此首艘"福特"号就仍将以蒸汽涡轮直接驱动四轴螺旋桨推进。

和任何事物一样，在大量和充分利用电力资源的同时，也隐藏着难以预测的电力风险。正因为总体性能有所增长、用电输出大幅增加的情况下，往往就容易埋藏与出现输电线路故障、电压变化剧烈、局部用电过大或电力系统等故障隐患；在未来激烈复杂的海战中，更不可避免存在着对方的干扰破坏与火力打击等，这些均极易导致整个系统停摆或瘫痪。2003 年 8 月，美国纽约等地曾发生过一场极为重大的停电事件，造成大面积停电，并影响所有交通运输设施停运，直接经济损失超过 60 亿美元。鉴于美国"福特"级航母相对空间有限，电力推进系统过于庞杂，用电部门和设施太多；特别是整个体系尚未完全发展成熟，因此舰上用电系统及设备存在着较大的隐患，发生停电及事故的可能性不能排除。

动力系统中的涡轮发电机存在着重大问题

自 2016 年 9 月以来，美国海军公开了"福特"号航母上四个主要的涡轮发电机（MTGs）面临着严重的稳压器问题，以导致无法全负荷运行。涡轮发电机是该航母上动力系统的一个重要组成部分，它采用了全新的设计与布局，所产生的发电量至少是"尼米兹"级航母的三倍。

早在这年 6 月 12 日的测试期间，当时 2 号涡轮发电机就发生了小型电气爆炸，一些碎片进入了发电机。美国海军采办委员会的发言人称，此次事故并没有引起火灾，也没有造成人员伤亡。不久，美国海上系统司令部发言人也立即表态，此次事故与核反应堆无关，对其运行安全没有影响；并拒绝透露更多的细节，只承认其中两个 MTG 有些故障。但很快就有消息传出，6 月 12 日的事故已严重损害了 2 号涡轮发电机，大大减缓了涡轮发电机的测试进程。7 月，美国防部不得不承认，1 号涡轮发电机也发生了类似故障，但损害程度比 2 号涡轮发电机要略微小些。

经过一段时间的检查及其相关分析，美国国防部认定：事故的根本原因最终确定为稳压器的故障，但尚不确定稳压器是否是发电机的一部分。此后，工程技术人员一直在积极探讨如何修复这一故障，甚至很长一段时间担心：需要将重达 12 吨的 2 号涡轮发电机移除并重新安装一个新的涡轮发电机；此举将有可能要破坏许多系统和多层甲板，工程量十分巨大。不过，随后的调查发现，2 号涡轮发电机的转子可以被拆除，因此不需要重新更换，这就使检修工作大为简便；不仅如此，1 号涡轮发电机也可以在舰上原处维修。在此基础上，相关人员先后提出了几套方案，包括是否在海试和交付之前全部修复此故障？是否会导致航母进一步的交付延迟？

是否要等到后期调试再由船厂完成修复工作？

2016 年 9 月 14 日，美国国防部最终证实，美国海军决定现在对涡轮发电机进行部分修复，后期再进行永久性修复：即在 1 号涡轮发电机修复的同时，将移除 2 号涡轮发电机的转子；而 2 号涡轮发电机的全部修复，将等到航母服役后试航后的可用性维修中完成。但是，美国国防部声称，整个修复工作预计将花费 3700 万美元，"福特"号也可能要推迟到 2017 年 3 月服役。一位海军官员披露，美国海军已为修复工作准备好资金，最终的成本将不会超过国会规定的上限（129 亿美元）。不过，它又一次使"福特"号延迟交付，但不会影响其 2021 年的部署，也不会影响 2019 年的冲击试验。

无人机与其他飞机等关键事项在短期内难以解决

美国海军特别是某些高层官员，对舰载无人作战飞机的概念特别起劲，X-47B 在 2012 年已经在"杜鲁门"号航母上进行了适配和甲板运作试验。2013 年 5 月 14 日，一架 X-47B 从"布什"号上成功地弹射起飞，6 月 10 日成功地进行了拦阻索降落。接下来两年里，X-47B 重点进行航母上实用条件下的混编试验，比如说，要和有人飞机在甲板上接受同样的甲板调度信号，起飞准备要在 90 秒内完成，最终要降低到 60 秒。2014 年 8 月 17 日，一架 X-47B 和一架 F/A-18 在"罗斯福"号上相继降落后马上再次起飞，测试混编出动能力。实战级的无人作战飞机有可能 2020 年就投入使用。美国海军在无人机技术上超前发展，似乎一反技术上保守的传统，但这是有原因的。

无人机不需要飞行员这一特点，对于美国海军特别有吸引力。避免飞行员伤亡的政治影响当然是一个因素，但美国海军有更加实际的考虑。无人作战飞机不需要飞行员，一方面省却了新飞行员的入门训练，另一方面省却了老飞行员保持飞行技能的经常性训练。这不光减少占用训练设施和人员开支，也节约了飞机的飞行小时数和相关的燃油、维修、折旧费用，对美国海军十分重要。无人机也没有战损或者机械故障后飞行员跳伞的营救问题，不需要在机库和甲板空间分出搜救力量的部署空间，也不需要专业搜救人员和飞行员的跳伞和生存训练。

更重要的是，只要有足够的燃油，无人作战飞机实际上可以无限制地停留在战区上空，这个特点在现代战争条件下特别有用。现代打击手段有三大特点：精确、及时、持久。精确制导武器的大量使用极大地改变了战场的面貌，但及时打击同样重要。不过传统的及时打击依靠高速飞机和导弹，依然有一个可观的逃逸窗口。飞机、导弹再高速，还是需要一定的时间才能出动，还是需要一定的飞行时间。高度机敏的目标可能利用这个时间差，在打击手段到达之前就逃之夭夭。在理想情况下，打击手段应该长时间在战场上空监视和待命，一有目标出现就及时发动就地打击，避免了远程调动在往返路途上浪费时间、丢失战机。这不仅对反恐这样的低烈度作战有用，在高烈度作战中也有巨大价值。这种作战概念最早是在冷战末年美国反制苏联机动发射洲际导弹时提出的，对于反介入/区域拒止（A2AD）作战也有很大价值。A2AD作战的最大难点在于在发射前及时打掉远程导弹。远程导弹的展开和发射需要一定的时间，只有全时监视、实时就地打击才有可能及时摧毁。

无人作战飞机的超长留空时间也可以直接转换为超大作战半径。美国海军设想中的无人作战飞机具有高达2500海里的作战半径，以离岸500海里的航母为基地，可以在中国整个东南沿海一直到东三省东部保持7小时的留空时间；即使到太原、西安、成都一线，依然可以保持近5小时的留空时间。如果只要求2小时留空时间，则作战半径可以覆盖中国全境，连喀纳斯的湖怪也不能幸免。考虑到反舰弹道导弹约 1000 海里的射程，航母位置要进一步远离海岸线，但这依然提供了巨大的覆盖范围。巨大的航程不仅可以深入深远内陆作战，还可以在对方意想不到的空域隐蔽待机，绕道在意想不到的时间和方向上突然进入攻击，提供了极大的作战灵活性。

长时间深入敌后的巡航不再可能依靠仔细的进入和退出航线规划来避开已知敌方雷达的探测，而是需要全向宽频高度隐身的飞行平台，X-47B 正是代表了这样一种趋势。隐身不是从雷达上消失，而是尽量降低雷达反射面积。取消了垂尾的无尾飞翼自然是侧向和前后向隐身的极致，上圆下平的基本形状也是最大限度增加雷达反射能量散失的形状，隐藏在机背的进气口和喷口更是避开了地面和低空雷达的视线。可观的投影面积尽管形成较大的雷达反射面，但对于绝大多数上视角度来说，平坦的底部使得反射能量大多投向其他方向，极大地降低了雷达截获概率，但距离依然是隐身最大的盟友。与传统的低空突防不同，高度隐身的无人作战飞机将从高空进入，高度本身就保证了较大的与地面距离，增加地面雷达探测的难度。高空巡航也增加了无人作战飞机的探测和武器投射范围，飞翼没有传统飞机机身那样不产生升力的"赘肉"，也特别适合高空巡航。

然而，残酷的现实是：一方面奥巴马政府军费的不断削减，而另一方面美国海军中有一批里根时代建造的主力舰艇需要更新换代；由此一来"美国海军 30 年造舰计划"的预算，将有一半要被下一代弹道导弹核潜艇研发和建造计划"吃掉"。这就使本来就已经捉襟见肘的海军军费，根本没有余力去考虑发展其他武器装备；在这种情况下 F-35C 下马很可能是最现实的解放资金的办法之一，于是"航程不大"和"隐身不佳"等便成为其"下课"最适当的理由。美国国会中期选举后，共和党席卷参众两院，但未必敢把勉强关进围栏里的这匹"预算野马"重新放出来，这是丢掉 2016 年总统大选的选举毒药。因此，是保 F-35C，还是发展无人作战飞机？可能成为海军和其他军种，或各军工利益集团之间博弈的战场。看来，刚上舰试飞成功的 F-35C 战斗机，尽管未来极为有望大批量地飞入清澈的海空，但也面临着诸多难以预估的浓密迷雾。

舰机费用不断攀升，使得美国也难堪重负

"福特"级首制舰"福特"号的研制费与建造费两项加起来，一共耗资 137 亿美元；其中研发费用 32 亿美元，建造费用 105 亿美元。尽管美国海军对该级后续舰的费用作了严格规定，例如后两艘航母的成本费用被严格限定为 80 多亿；即便如此该级三艘航母自身的建造费用加起来，也共计要花费 320 亿美元以上，堪称美国海军史上最为昂贵的航母。事实上，现今"福特"级航母的费用预算，是建立在 2004 年初步预测分析报告的基础上的；此后如仍按当时预算方案持续下去，那么到该舰正式服役且开始运行后，"福特"级的费用成本可能还会继续上升。主要原因在于：首先，美国海军对于成本估算始终过于乐观；比如海军主观认为"福特"号航母的人力工时，要少于"尼米兹"级的"里根"号和"布什"号航母，显然这种估算有点一厢情愿，与实际情况明显不符。其次，历来美国海军和造船厂家双方之间，在建造成本及相关费用方面始终存在着一定的分歧与差距；通常造船厂的实际建造费用要高于海军的预算。再次，长期以来，美国海军由于监督管理力量不足、人手不够，因此对于建造期间的费用使用缺乏有效的监督和管理，往往不能及时发现费用增长或超支过程中早期出现的不良信号；以致一旦出现较大失误后，费用超支现象已经形成，难以挽回。

在航母的全寿命费用中（"福特"级航母的全寿命周期定为至少 50 年），研制费用和建造费用只是成本中的一小部分，而使用保障和维持费

用才是真正的"费用大头"。舰载机是航母的关键利器，是其战斗力的重要体现，美国海军一直对其格外重视与发展。"福特"级航母上约搭载有 70 余架各型先进的舰载机，这些舰载机大约 15-20 年就要更新换代一次，大约需要花费 200 亿美元；按全寿期以 50 年计算，那么在航母服役一生中大约需要更换 3 代舰载机，即约需花费 600 亿美元的舰载机费用；倘若考虑通货膨胀因素，则需要约 800 亿美元。

此外，航空母舰总是以编队形式出现和运作的，"福特"级航母也将需要多艘护航舰艇为其"保驾护航"（通常由 2 艘"伯克"级导弹驱逐舰，2 艘"提康德罗加"级导弹巡洋舰，1-2 艘"洛杉矶"级核潜艇，以及 1 艘综合补给舰或 1 艘快速补给舰组成），它们的总费用大约 100 亿美元，而其全寿期维护费大约为 150-180 亿美元。另外，再加上油水补给费约 200 亿美元，弹药费用约 500 亿美元，人工成本 300-350 亿美元，总计约 2498 亿美元，几近 2500 亿美元。如果依照"尼米兹"级的通货膨胀率来计算，"福特"级航母的最终全寿期费用大约在 2700 亿美元上下；如果再细算，2700 亿除以 50 年的 365 天，每天就是大约 1500 万美元。这么高昂的费用，使得美国国会和国防部也时常抱怨，发展如此"吞金兽"般的"福特"级航母，却与其在"反介入与区域拒止"行动中越来越不胜任的表现，的确有点不值当。

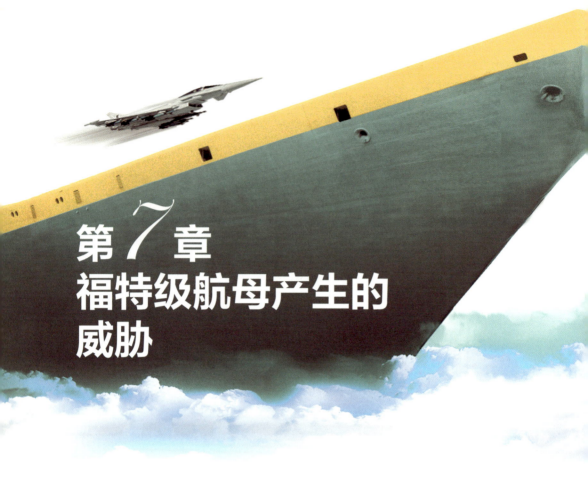

第7章
福特级航母产生的
威胁

毋庸置疑，"福特"号及其后续航母在带来巨大的挑战同时，也对世界战略格局、亚太地区安全、海上作战能力及武器装备发展等产生巨大而深刻的威胁与影响。

将加大美国"再平衡"战略的力度

自 2009 年奥巴马入主白宫以来，加力推行"重返亚太"和"亚太再平衡"战略，不断地将矛头对准中国、俄罗斯和伊朗等国。近年来，由于中国海空力量的快速增长，国家利益和海洋权益不断拓展，从上个世纪 50

年代初美国主导建立的第一二岛链封锁线（包括防空识别区），已越来越难以达成扼控、围堵中国海上力量突破岛链、走向大洋的目的。随着美国经济总体下行，军费明显削减，虽然美国仍坚持将其兵力兵器的 60% 部署到在亚太地区，但其整体军事实力有所减弱，其海外基地、港口、机场数量急剧减少。美国愈发感到：自己对该地区的掌控力在下降，话语权在丧失，变得越来越力不从心。于是，奥巴马一上台便彻底改变了小布什执政时期把大量财力、人力、物力投到中东地区的策略，迅速从伊拉克和阿富汗等几场战场中抽身，并将原先投入并部署于中东、北非和欧洲的许多兵力兵器陆续移师到亚太地区。

　　实际上，美国"亚太再平衡"的战略主要目的非常明确，就是制衡中国和俄罗斯，把前些年美国在该地区的力量不平衡，再重新"平衡"回来。不过，美国也很清楚：如今的中国和俄罗斯，特别是中国无论是经济实力，还是综合国力和军事实力，包括海军实力，都得到了前所未有的增长。所以，急于改变现状的美国，主要采取两手：一是通过挑唆和怂恿盟友，采取多种形式对实施全面、立体、多向的搅局和"滋事"，争取把中国近海周边海域搅乱；这样美国就可找到最恰当的理由，如所谓的"主持正义"或"航行自由"等来插手地区事务，力争掌控中国周边地区或海域的主导权和话语权。另一方面则利用自己强大的军事实力，发展和运用更新型的武器装备，来抑制和削弱中国军力的增长，使中国周边国家畏惧美国的军力而不敢与之"离心离德"，力图最终把中俄在该地区逐步增长的军事力量再度平衡下去。

　　长期以来，航空母舰始终被美国政府和军方认为是插手世界地区和海域事务最有力的"工具"。因此，美国海军不遗余力地发展大型和超大型航母，以及不断升级的舰载机。在拥有 10 艘世界顶级技术的"尼米兹"级核动力航母的情况下，美国海军根本不满足，花费巨资研发建造了"福特"级航母；由于其大量采用高新技术，并根据中国"东风 -21D"、"东风 -26"等近中程反舰弹道导弹的服役与使用，"反介入 / 区域拒止"能力的增强，美国将配备更多、更先进的传感器和抗击拦截武器，装备使用更多的无人作战平台（无人机、无人水面舰艇、无人潜航器）；同时采用新的作战概念和新的战法（如"分布式杀伤"战术），从而对我海上方向的舰机及岸基重要目标产生较大的威胁。

继续保持其对外强大的"硬实力"和"软实力"

世界经济学家预测，美国的经济总量及其占世界经济总量的比例到2015年之后有可能下滑到21%左右，甚至更多；但即便如此，到2030年前后，美国依然有可能继续保持世界老大的地位。不过，面对各方面不断下行的趋势，美国总统奥巴马自2009年上任以来，与美国的一些精英政要非常担心，尤其担心中国会在不久的将来全面赶超美国。为此，奥巴马放了一句狠话：绝不当世界老二！其意要永远当世界第一，决不允许中国、俄罗斯等经济高速发展和实力持续增强的国家，对它发起各种挑战，乃至产生重大影响。为此，近年来美国一方面大力主张与中国建立新型大国关系，另一方面加紧遏制并力图削弱中国，通过采取更加多种手段与方式来实施围堵和封锁中国。

出于经济下行的巨大压力，美国多数高层认为：进一步加强军事实力，特别是优先发展一些高性能作战平台及高精尖武器，将有助于以不高的代价，最大限度地弥补其经济上的"瘸腿"，即通过发展一些超强"硬实力"来有效地弥补"软实力"的明显不足。"福特"级新一代核动力航母、DDG-1000"朱姆沃尔特"级新型导弹驱逐舰、"自由"级濒海战斗舰、"弗吉尼亚"级核潜艇，以及 B-2 隐形轰炸机、X-47B 无人机、P-8A 反潜巡逻机等，正是基于上述思想指导下而先后出炉的。

　　"福特"级核动力航母因融合有大量高新技术、远超出他国航空母舰三代以上的差距及其极其突出的作战能力。目前，"尼米兹"级的舰载机出动能力为每天出动 140-160 架次，而"福特"号至少达到 180 架次；在高强度的情况下，甚至要超过 220 架次。同时，舰上搭载的最先进的舰载机——F-35C 和 X-47B 配备各种精确制导弹药，如 JDAM、JSOW 等，从而使得"福特"级航母舰载机联队一天能打击的目标数量，由"尼米兹"级航母的 700 个增加到 1200 个，几乎翻了一倍；从而也极易对他国海空力量形成"无法估量"的打击毁伤效果。

综合作战效能大幅增强

　　简单地看，"福特"号航母相较于"尼米兹"级航母，它的舰长达 330 米，满载排水量也超过 10 万吨，最大航速 34 节，两者指标相差无几；从三面图来观察，它的飞行甲板与"尼米兹"级飞行甲板也相差不大。但"福特"号航母的许多关键性指标，如舰载机的出动率、全寿命周期故障率、全舰电力容量等，均比后者明显提高。应该说，"福特"级是一级根据新世纪作战环境和需求而设计的超级航母。"福特"级航母最革命性的改进，主要是舰载机出动效率，这也是评价一艘航母作战功能强大与否的基本标准。

　　事实上，"福特"级的飞行甲板、升降机和内部结构，以及甲板作业程序等，也都进行了全面的改进优化。从相关模型和图片资料来看，"福特"级航母的舰岛体积比"尼米兹"级大幅缩小，且位置后退；相应的甲板后端也被延长，从而明显增加了飞行甲板面积，特别是停机区的面积。由于从安全上考虑，舰载机无法在机库中进行挂弹和装油，只允许在甲板上进行，因此增加飞行甲板面积，尤其是停机区面积，就相当提高了在单位时间内航母能够出动和使用飞机的数量，增强了作战效率。为了进一步提高舰载机加油、挂弹的效率，与"尼米兹"级分散布置相反，"福特"级航母还将加油、挂弹作业统一集中在右舷舰岛前方的区域。运作时，飞行甲板上需要加油、挂弹的飞机以拖车移至右舷的整补区进行作业，而机库中的舰载机则由右舷升降机直接送上右舷甲板完成加油、挂弹；整备完成后，再由拖车拖至起飞等待区或移回停机坪。相较于"尼米兹"级航母，"福特"级航母每次加油挂弹的整备时间，将由前者的 2 小时缩短到 1 小时以内。

但更值得人们警惕的是，"福特"号通过加装信息栅格装备以及海军的"火力网"系统、主动化网络引导与紧急事件处理系统、智能化虚拟引导员、数字化视频地图、高级任务计算机等先进设备，基本实现了平台在线、武器在线、弹药在线和备附件在线；其网络化水平和网络中心战能力有了质的飞跃。

实战证明，一架不具备网络中心战能力的舰载机，只是相对孤立的武器平台，其作战效能只能是数量的简单叠加；而具备网络中心战能力的舰载机，如 F-35B、E/A-18G、E-2D、MH-60R/S、X-47B 等，不仅具有 独立获取信息和自主打击目标的能力，而且还可在线接收来自陆军、海军、海军陆战队、空军，以及空天、天基平台的各种信息和指令。作为物联网中的一个节点，它既服务于整个网络，又被整个网络服务。其挂载的攻击武器，不仅可以接受本机的控制，还可以在线接受其他授权用户的控制，打谁、由谁打，以及在什么时间、地点、方向，用什么武器打，都是基于云计算的网络统筹，其适时性、有效性并非传统的数量简单叠加所能比拟的。

诸如 X-47B 这样的舰载无人机，将在作战中边侦察、边指挥、边打击、边评估打击效果，并在线接收、处理、分发和应用以上信息。像

MH-60R/S 这样的作战支援飞机，也能够在支援作战的过程中，根据在线信息直接对时敏目标、高威胁目标实施适时打击。而像电磁轨道炮、模块式激光武器等，将能够根据在线目标指示，实施随动攻击。32 兆焦电磁轨道炮，能以每秒 2.5 千米的初速发射炮弹，对 340 千米内的目标实施动能撞击。多模块激光器组合使用，可直接毁伤目标。

最新的一项美国海军的研究评估表明，一艘搭载 75 架舰载机的"尼米兹"级航母，在 3 天的作战时间内，每天打击的目标数是 248 个；而搭载同等数量舰载机的"福特"号航母，其打击的目标数将达 2000 个以上。再考虑各种新概念武器的使用，其综合作战效能要大大强于"尼米兹"级航母。综合来看，"福特"级航母具有较强的适应未来战场复杂环境的综合作战效能，至少要比现役的"尼米兹"级航母高出 3 倍。

美国实施战略威慑的力度将进一步加大

众所周知，每当世界相关地区局势紧张或即将爆发战事前，美国总统及政府海军总会出动一定数量的航母战斗群，率先部署于作战前沿地区和相关海域。例如，海湾战争前夕，美国海军曾先后出动 7 艘航母部署于波斯湾、红海等海域，从三个战略方向，对伊拉克政权及部队实施强大的战前威慑，并加紧调兵遣将，做好随时参与行动和实施打击的准备。为了确保美军力量在全球的"前沿存在"，且及时应对危机的需要，美国国会和海军始终坚持保持 10 艘以上航母规模（"福特"号航母入役之后，美国海军将在相当长的一段时间内保持 11 艘大型航母的规模）；而美国无论是平时还是战时，其拥有超过世界航母总数一半以上的大型航母，都能够发挥出对方"无法匹敌"的战略威慑作用。"福特"号航空母舰的入役与使用，将使美国这一战略威慑手段运用得更加老道、更加霸气。

二战时期，当时的美国总统罗斯福曾说过一句名言，"我们要面带微笑，但必须手拿大棒"，即一手拿着橄榄枝，一手握住明亮的利剑。罗斯福总统所说的这个"大棒"，就是航母战斗群。每当世界各地区有哪个国家不听话，或者美国认为有必要给某个国家的领导人以"颜色"时，立即就会有一艘以上的航母战斗群到其周边海域进行"自由航行"或"海上训练"，甚或进行演习；可能情况下，航母编队还会到附近其他国家的港口、基地进行所谓的"友好访问"与"交流合作"，着实"耀武扬威"一番。

进入新世纪以来，每当遇到伊朗核设施、朝核问题、中国海上周边问题时，附近相关海域必然出现"尼米兹"级核动力航母的身影，其意自然是在实施威慑和恫吓，警示这些国家不要轻举妄动；如果不听美国人的话，美国的航母编队随之能够对其制裁或采取升级行动。但是随着各国反制能力的提高和增强，美国航母的威慑和影响力逐渐有所下降。特别是各国近中程弹道导弹的相继研发与使用，美国现役"尼米兹"级航母的威慑力或打击力已日显不足。

但是，搭载有作战半径超过 1100 公里的第四代 F-35C 隐身战斗机，以及隐身性能好，作战半径大，留空时间长的 X-47B 无人机等众多高新技术作为强有力支撑和保障的"福特"号航母，将是未来美国海空网络战的一个中心节点，也是今后美国不断试验和演进新型作战概念和理论的关键。这样一支航母战斗群，不仅集合有航母本身及编队整个系列的高新技术和武器装备，而且还将与空、天、陆军的其他高新技术、武器装备实现有机"链接"，进而打造更强的战略预警体系和作战网络体系，对我海上方向及沿海周边地区重要目标和设施形成更大的威胁，对亚太地区乃至世界的安全与和平产生重大的失衡与影响。

第 *8* 章
福特号航母的
后继舰只

    按照美国海军最初的航母建造与服役计划，"福特"号航母定于 2016 年 7 月进行海试，9 月交付美国海军。但是，由于在研制与建造中遇到了诸多的故障与问题，例如前面所述的电磁拦阻装置、动力系统中的涡轮发电机等，所以按照比较乐观的推算，"福特"号至少要等到 2017 年 3、4 月才有望正式服役。在这之后两年，即 2019 年，美国海军还要为其进行海上冲击试验，并于 2021 年前完成作战部署。

    在"福特"号航母建造尚未交付前，该级第二艘"肯尼迪"号（CVN-79）即已动工上马。实际上，该舰原订于 2012 年就开始建造，不过因 2008 年 9 月全球金融海啸爆发，2009 年初新上任的奥巴马政府决定将 CVN-79 的建造工作，向后延至 2013 年展开；与此同时，还缩减了原本在 2010 年度的先期投资。2009 年 1 月 15 日，美国国防部与纽波特纽斯造船及船坞公司签署了"福特"级二号舰的先期筹备工作，主要包括设计、规划、采购等项内容，总价值达 3.74 亿美元。同年 5 月，美国海军与纽波特纽斯造船厂及船坞公司又签署了先期备料的修正合约，总价值 7726 万美元；这项先期合约于 2010 年 10 月执行完成。紧接着，双方于 11 月 11 日再度签署一项后续设计与工程发展合约，总价值 1.892 亿美元。

2011 年 2 月 26 日，纽波特纽斯造船厂终于切割了 CVN-79 的第一块钢板。同年 5 月 29 日，当时的美国海军部长雷·马布斯正式宣布："福特"级第二艘航母将以第 35 任美国总统约翰·肯尼迪的名字命名，该航母是美国海军史上第二艘以"约翰·肯尼迪"命名的军舰；而这之前，美国海军"小鹰"级第四艘航母也曾被冠以"约翰·肯尼迪"号，它在海军当中服役约 40 年后退役。"约翰·肯尼迪"号于 2013 年正式开始安放龙骨，全面建造工作在 2013 年初发出建造合同后立即启动；而造船厂计划于 2020 年交付并加入海军序列，用来接替"尼米兹"号核动力航空母舰。

关于该航母的命名方面，还有不少插曲。美国众议员哈里·米切尔在 2007 年 12 月 7 日珍珠港事件 66 周年纪念日时，曾提议将 CVN-79 命名为"亚利桑纳"号；2009 年，众议员约翰·谢德格又提议，用已故的亚利桑纳州参议员巴里·戈德华特的名字来命名 CVN-79 或 CVN-80。此外，也有不少网友发起请愿，希望 CVN-79 能延用"企业"号这个名字。但经过反复权衡比较，美国国防部于 2011 年 5 月 29 日正式宣布，CVN-79 航母正式定名为"约翰·肯尼迪"号，以接替 2007 年从美国海军除役、2009 年除籍的同名航空母舰。截止 2016 年 3 月，该航母已完工 18%；到 5 月，已组装数个船底分段。

"福特"级第三艘计划于 2018 年开工建造，它的命名也多少有些趣味性。2012 年 12 月 1 日，就在老旧的"企业"号（CVN-65）的退役仪式上，美国海军部长雷·马布斯又一次通过视频表示，美国海军第三艘"福特"级航母将被命名为"企业"号，并称选择这个名字是为了纪念美国海军于 1961 年服役的第一艘核动力航母。未来的这艘"企业"号核动力航母，舷号为 CVN-80，将是美国海军史上第九艘以"企业"号命名的舰艇。雷·马布斯多次提及，新的"企业"号航母依然由位于纽波特纽斯的亨廷顿英戈尔斯工业公司下属纽波特纽斯船厂建造，它无论在作战能力、舰员居住环境，还是寿命周期成本等方面，都将得到很大程度的改进和提高。

从目前美国海军披露的建造与发展计划来看，美国海军最终将建造服役10艘"福特"级航母，其中最后一艘将于2058年交付美国海军。当前，美国海军即将入役和正在建造的第一批次3艘"福特"级航母，应该说基本还属于实验性的；今后还会出现多批次"福特"级航母的滚动发展，但后续的第二批次将会比第一批次提高一个能量级；尤其是后一批次的"福特"级航母必然会比前一批次航母在航母作战性能、攻防作战方式、海上作战编组等方面产生许多重大变革与改进。随着时间的推移，批量新型"福特"级航母的陆续入役，那些日显"老态龙钟"的"尼米兹"级航母均将逐步退出美国海军现役。如果不发生重大意外或出现重要的武备技术革命的话，到2058年，美国将有清一色的10艘"福特"级航母横行于海上。

2017年3月2日，美国总统唐纳德·特朗普登上即将下水的最新航母"福特"号，并发表演讲称，要把美国海军从眼下的"一战后最小规模"打造成"史上最大"，即要扩展至12艘航母的规模，能把美军投送到"遥远的土地上"。这番讲话表明，今后美国政府决心要把"福特"级航母数量增加到12艘，从而使美国海军大中型战舰数量大幅增加。

主要参考文献

1.《美国海军学会会报》（2012-2016）。

2.《简氏防务周刊》（2013-2016）。

3.《现代舰船》（2012.1-2017.1）。

4.《兵器知识》（2013.1-2017.1）。

5.《航空知识》（2013.1-2016.12）。

6.《现代兵器》（2014.1-2016.12）。

7.《外国海军武器装备发展年度报告》（2013-2016）。

8.《Jane's Fighting Ships》（2013-2014、2014-2015）。

9.《全景透视·国外航空母舰》（一）、（二）。

10.《21世纪海军创新》，海潮出版社。

11.《21世纪海权》，海潮出版社。